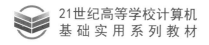

21世纪高等学校计算机
基础实用系列教材

# 人工智能导论

◎ 许佳炜 胡众义 张笑钦 编著

U0361142

清华大学出版社

北京

# 内 容 简 介

本书介绍人工智能的发展概况、基本原理和应用领域,着重强调人工智能基础、工业化进程以及伦理道德,并提供实践案例的基础分析过程。本书分为五个模块,分别是人工智能发展史、人工智能的伦理道德、人工智能的工业化进程、人工智能的实例应用介绍和人工智能的未来发展。

本书通过具体化工作项目,力求增强教材的可读性和应用性,尽可能写得通俗易懂、深入浅出、兼顾实效,方便"教、学、做"一体化教学,可以为大一本科生或者高中中高年级学生作为人工智能专业的基础性读物。

**本书封面贴有清华大学出版社防伪标签,无标签者不得销售。**

**版权所有,侵权必究。举报:010-62782989,beiqinquan@tup.tsinghua.edu.cn。**

**图书在版编目(CIP)数据**

人工智能导论/许佳炜,胡众义,张笑钦编著.—北京:清华大学出版社,2021.9(2024.8重印)
21世纪高等学校计算机基础实用系列教材
ISBN 978-7-302-58588-6

Ⅰ.①人… Ⅱ.①许… ②胡… ③张… Ⅲ.①人工智能-高等学校-教材 Ⅳ.①TP18

中国版本图书馆 CIP 数据核字(2021)第 131281 号

责任编辑:王 芳
封面设计:刘 键
责任校对:焦丽丽
责任印制:刘 菲

出版发行:清华大学出版社
  网　　址:https://www.tup.com.cn,https://www.wqxuetang.com
  地　　址:北京清华大学学研大厦 A 座　　邮　编:100084
  社 总 机:010-83470000　　邮　购:010-62786544
  投稿与读者服务:010-62776969,c-service@tup.tsinghua.edu.cn
  质量反馈:010-62772015,zhiliang@tup.tsinghua.edu.cn
  课件下载:https://www.tup.com.cn,010-83470236
印 装 者:三河市天利华印刷装订有限公司
经　　销:全国新华书店
开　　本:185mm×260mm　　印　张:9.5　　字　数:174 千字
版　　次:2021 年 9 月第 1 版　　印　次:2024 年 8 月第 5 次印刷
印　　数:3301~7300
定　　价:39.00 元

产品编号:090632-01

# 前　言

人工智能是一个新兴的专业,也是一个发展极为迅速的专业,其在推动智能型社会发展中起着十分重要的技术支撑作用。自温州大学 2020 年开始招收第一批本科学生以来,人工智能专业建设一直在如火如荼地进行。温州大学作为浙南闽北赣东的唯一综合性大学,推进人工智能的战略意义重大。但该专业属于尚在不断发展之中的新兴专业,教材建设相对滞后,特别是专业入门教材短缺,远远不能满足该专业的教学需求。

从该专业办学伊始,温州大学计算机与人工智能学院就十分重视对教学质量的管控。考虑到作者从事人工智能研究的时间相对较长,因此学院就推荐作者承担该专业入门课程的教学任务。

鉴于缺乏教材,因此自从承担入门课程的教学以来,作者便有意留心教材的撰写工作。虽然"人工智能导论"属于大一新生的导论课,是大学入门级课程,但是同样适用于不同年龄层次的对人工智能感兴趣的入门级读者。2020 年起作者承担该入门课程的教学工作,并采用初步撰写的教材来进行授课,取得了较满意的教学效果。

现在,又经过一年的不断改进与讲授,该课程教材终于能够出版面世了。相信本书的出版,必将能够推广到设有人工智能专业的各大学教学之中——或作为入门课程教材,或作为教学参考书。应该说,对于从未为本科生撰写过教材的作者来说,能够为人工智能专业的教材建设做出一点微薄的贡献,还是感到十分欣慰的。

本书共分为 5 章。第 1 章简述了人工智能发展史,对人工智能的诞生、发展、概念以及该专业的特点进行了简述。之后分别从研究领域和应用领域讨论了人工智能的特点。最后介绍了推动人工智能发展的主要学派。第 2 章重点介绍了人工智能的伦理道德,因为人工智能处于起步阶段,需要人类的引领和教导。而在人工智能不断完善的过程中引发的科技伦理问题以及背后更深层次的思考更值得我们注意。为了防止人工智能在未来走向不正确的阶段,我们需要更早地制定合理的法规并采取措施,以防出现问题时已经为时已晚。第 3 章讨论了人工智能的工业化进程,考虑到人工智能在不久的将来需要大规模地走向产业化,所以从发展历程、产业现状与影响、目前工业界常用的技术以及态势来阐述目前的发展水平和难题。从第 4 章开始,我们结合实例来介绍人工智能在各个行业的现状与主要技术,诸如语音、图像识别与压缩、仿生注意力模型、人机交互、安全驾驶、银行、机器人等领域。第 5 章展望了人工智能的主要问题和对应思考,并着重分析了人工智能的未来前景。

从撰写教材的指导思想来看,基础性、前瞻性、生动性是撰写本书主要遵循的宗旨。所谓基础性,是要求学生掌握人工智能专业的基本概念、知识和方法,了解本学科的研究对象、任务与历史。所谓前瞻性,是要求学生具备独立把握学科发展趋势的宽阔视野,并对学科前沿研究领域和应用前景有充分的认识。最后,所谓生动性,则是要求教材不但思想深刻先进、内容丰富多彩,而且讲述形式生动有趣,能够激发学生对本专业的兴趣和热爱。

当然,目前国内人工智能学科尚未成型,但其蓬勃发展的趋势是不可阻挡的。众所周知,影响社会形态发展的核心要素主要有文化、制度和技术三个层面,其中技术是社会发展与变革的动力。当今是由信息技术支撑的信息社会时代,而信息技术的高级阶段是智能技术,因此未来必将进入智能社会的时代。实际上,从智能医疗、智能手机、智能机器人到智慧城市,人工智能的关键技术在社会发展中发挥着越来越重要的作用。因此,作为一部新兴学科的入门教材,本书在人工智能人才的培养中显得愈加重要。

需要补充说明的是,作为一部智能科学与技术专业本科生入门年级必修课程教材,本教材在编排方面充分考虑了教学课时安排上的需要。在实际课堂教学过程中,讲授全书内容共需 24 课时。因此可以按照 1.5 学分、24 课时来制订实际教学计划。

最后,衷心感谢温州大学计算机与人工智能学院的全体同仁对这门课程教学工作的支持;感谢张笑钦院长和胡众义老师的帮助和指导,使得本书蓬荜生辉。另外,在本书的试讲与校正过程中得到了学院人工智能专业众多学生的意见反馈,在此一并致谢。如果没有他们的支持和建议,这部教材的出版必将遥遥无期。

本书虽然经多轮试讲与修改,但由于在教学过程中经过多轮内容调整,且作者学识浅陋,对于博大精深的人工智能领域仅略知皮毛,因此书中难免存在不足之处,若蒙读者诸君不吝赐教,将不胜感激!

2021 年 4 月

# 目 录

# 第 1 章 人工智能发展史

人工智能(Artificial Intelligence,AI)是计算机科学、控制论、信息论、神经生理学、语言学等多种学科互相渗透而发展起来的一门学科。人工智能自问世以来经过波波折折,最终作为一门边缘新学科得到世界的承认并且日益引起人们的兴趣和关注。不仅许多其他学科开始引入或借用 AI 技术,而且 AI 中的专家系统(Expert System)、自然语言处理(Natural Language Processing,NLP)和图像识别(Image Identification)已成为新兴的三大突破口。

## 1.1 人工智能的诞生

人工智能的思想萌芽可以追溯到 17 世纪的帕斯卡(Pascal)和莱布尼茨(Leibniz),他们较早萌生了智能机器的想法。19 世纪,英国数学家布尔(Boole)和德·摩根(de Morgan)提出了"思维定律",这些可谓是人工智能的开端。19 世纪 20 年代,英国科学家巴贝奇(Babbage)设计了第一架"计算机器",它被认为是计算机硬件,也是人工智能硬件的前身。电子计算机的问世,使研究人工智能真正成为可能。人工智能的发展虽然已走过了大半个世纪的历程,但是,对人工智能至今尚无统一的定义。尽管学术界有各种各样的说法和定义,但就其本质而言,人工智能是研究、设计和应用智能机器或智能系统,来模拟人类智能活动的能力,以延伸人类智能的科学。人类智能活动的能力是指人类在认识世界和改造世界的活动中,经过脑力劳动表现出来的能力。一般来说,人类智能主要表现在以下几个方面。

(1)感知能力。通过视觉、听觉、触觉等感官活动,接受并理解文字识别和外界环境的能力。

(2)推理与决策能力。通过人脑的生理与心理活动及有关的信息处理过程,将感性知识抽象为理性知识,并能对事物运行的规律进行分析、判断和推理,这就是提出概念、建立方法、进行演绎和归纳推理、作出决策的能力。

（3）学习能力。通过教育、训练和学习过程，更新和丰富已有的知识和技能，这就是学习的能力。

（4）适应能力。对不断变化的外界环境（如干扰、刺激等）能灵活地作出正确的反应，这就是自适应能力。

不论从什么角度来研究人工智能，都需要通过计算机等现代工具来实现。计算机科学与技术的飞速发展和计算机应用的日益普及，为人工智能的研究和应用奠定了良好的硬件基础。人工智能的发展使计算机更聪明、更有效，与人更接近。自古以来，人类对人工智能就有持久的、狂热的追求，并凭借当时的认识水平和技术条件，设法用机器来代替人的部分脑力劳动，用机器来延伸和扩展人类的某种智能行为[1]。例如，公元前 900 多年，我国就有歌舞机器人传说的记载。12 世纪末至 13 世纪初，西班牙的一位神学家和逻辑学家曾试图制造能解决各种问题的通用逻辑机。17 世纪，法国物理学家和数学家帕斯卡制成了世界第一台会演算的机械加法器并获得实际应用。随后，德国数学家和哲学家莱布尼兹在这台加法器的基础上研发了可进行全部四则运算的计算器，他还提出了逻辑机的设计思想，对思维进行推理计算。这种"万能符号"和"基于符号的推理计算"的思想是智能机器的萌芽，因而莱布尼兹被誉为数理逻辑的先驱者。英国数学家图灵（A. M. Turing）在论文 *On Computable Numbers，with an Application to the Entscheidungsproblem* 中，提出了著名的图灵机模型。1945 年，他在 *Computing Machinery and Intelligence* 一文中提出了机器能够思维的论述。1938 年，德国工程师苏斯（Zuse）研制成第一台累计数字计算机 Z-1。1946 年，在美国诞生了世界上第一台电子数字计算机 ENIAC。在同一时代，控制论和信息论创立，生物学家设计了脑模型等，这都为人工智能学科的诞生作出了理论和实验工具的巨大贡献。

1956 年的一次历史性聚会被认为是人工智能学科诞生的标志。1956 年夏季，在美国达特茅斯（Dartmouth）大学，由当时的数学助教，后任斯坦福大学教授的麦卡锡（J. MccaMhy）联合他的三位朋友，哈佛大学青年数学和神经学家，后任麻省理工学院教授的明斯基（M. L. Minsky）、IDM 公司信息研究中心负责人罗切斯特（N. Lochester）和贝尔实验室信息部数学研究员香农（C. E. Shannon）共同发起，邀请莫尔（T. Moore）和塞缪尔（A. L. Samuel）、麻省理工学院的塞尔夫利奇（Selfridge）和利索罗莫夫（R. Solomonff）、兰德（RAND）公司和卡内基·梅隆大学的纽厄尔（A. Newell）和西蒙（A. Simon）等 10 名青年学者，举办了为期两个月的学术讨论会，讨论机器智能问题。经麦卡锡提议,在会上正式决定使用"Artificial Intelligence"这一术语,从而开创了人工智能作为一门独立学科的研究方向,麦卡锡因而被称为"人工智能之父"。从此,在美国开始形成了以人工智能为研究目标的几个研究组,如明斯基和麦卡锡的MIT研究组,塞缪尔的IBM工程研究组等。

1956年,人工智能的研究取得了两项重大突破。第一项是纽厄尔、肖(J. Shaw)和西蒙的研究组编制第一个逻辑理论程序逻辑理论机(Logic Theory machine,LT),模拟人们用数理逻辑证明定理的思想,采用分解、代入、替换等规则,证明了怀特赫德(A. Y. Whitehead)和罗素(B. Russell)合著的《数学原理》第二章中的38条定理。1963年,修订的程序在大机器上终于完成了该章中52条定理的全部证明。一般认为,这是用计算机模拟人的高级思维活动的一项重大成果,是人工智能研究的真正开端。第二项是IBM工程研究组的塞缪尔研制的西洋跳棋程序。这个程序可以像一个优秀棋手那样,通过预判下棋。尤其是它具有自学习、自组织、自适应的能力,能在下棋过程中积累经验,不断提高棋艺。它能学习棋谱,在学了175000多个棋局后,可以根据棋局猜测棋手所有推荐的走步,准确度达48%,这是机器模拟人类学习过程的一次极有意义的探索。1959年,这个程序战胜了设计者本人。1962年,它又击败了美国一个州的跳棋冠军。1957年,纽厄尔、肖和西蒙通过心理学实验,发现了人在问题求解过程中思维的一般规律,即先思考出大致的解题计划,根据记忆中的公理、定理和推理规则组织解题过程,进行方法和目的分析,并不断修正解题计划。基于这一规律,他们于1960年合作成功编制出一种不依赖于具体领域的通用问题求解(General Problem Solver,GPS)程序,该程序能求解11种不同类型的问题。一连串的研究成果使醉心于人工智能远景的学者们作出了过于乐观的预言。1958年,纽厄尔和西蒙曾充满自信地认为,在十年内,计算机将成为世界的象棋冠军,计算机将要发现和证明重要的数学定理;计算机将能谱写具有优秀作曲家水平的乐曲;大多数心理学理论将在计算机上形成。有人甚至断言,20世纪80年代将是全面实现人工智能的年代,到2000年,机器的智能可以超过人的智能[2]。

自从人工智能形成一个学科之后,许多学者遵循的指导思想是研究和总结人类思维的普遍规律,并用计算机来模拟人类的思维活动。他们认为,实现这种计算机智能模拟的关键是建立一种通用的符号逻辑运算体系。但是,由于人类的认知和思维过程是一种非常复杂的行为,故至今仍未能被完全解释;也由于现实世界的复杂性和问题的多样性,老一辈人工智能科学家为之奋斗的通用逻辑推理体系至今也没有创造出来。其早期的代表作通用问题求解程序的通用性受到严格的限制,只能对具有相当小的状态集和良定义的形式规则的问题有效。人工智能的早期研究只能停留在实验室里，作为研究的实验系统或演示系统，不能解决实际问题。科学家们开始对人工智能探索人类思维普遍规律的研究战略思想进行反思。表 1-1 回顾了人工智能的诞生历史。

表 1-1　人工智能的诞生历史

| 时间 | 人物 | 成果 | 意义 |
| --- | --- | --- | --- |
| 1956 年 | 美国纽厄尔、肖和西蒙 | 编制了逻辑理论机的程序系统 | 使用计算机对人的思维活动进行研究的第一次成功的探索 |
| 1956 年 | 塞缪尔 | 研制了跳棋程序 | 这是模拟人类学习过程的一次卓有成效的探索 |
| 1956 年 | 乔姆斯基 | 提出了一种文法的数学模型 | 可以用来研究人的思维过程 |
| 1956 年 | 塞尔夫利奇 | 研制出第一个字符识别程序，1959 年功能加强 | |
| 1957 年 | 纽厄尔、肖和西蒙 | 开始研究应用领域的通用问题求解，1969 年公布于世 | 这是一个具有普遍意义的思维活动过程，最活跃的是方法和目的的分析 |
| 1958 年 | 美国数理逻辑学家王浩 | 利用计算机证明了 220 多条数学定理，150 条谓词演算定理 | |
| 1960 年 | 麦卡锡 | 研制出表处理语言 LISP | 在人工智能的各个领域的带广泛应用 |
| 1961 年 | 明斯基 | 发表了论文 *Steps toward Artificial Intelligence* | 对当时人工智能起着推动作用 |
| 1964 年 | 鲁宾逊 | 提出了归结原理 | 标志着人工智能的机器证明这个分支的开始 |

# 1.2　人工智能的发展

在 20 世纪 40 年代数字计算机研制成功时，研究者就采用启发式思维，运用领域知识，编写了能够求解复杂问题的计算机程序，包括可以下国际象棋和证明平面几何定理的计算机程序[3]。运用计算机处理这些复杂问题的方法具有显著人类智能的特色，从而导致了人工智能的诞生。1956 年，麦卡锡决定把达特茅斯会议用"人工智能"来命名，开创了具有真正意义的人工智能的研究。

图灵所著的 *Computing Machinery and Intelligence* 讨论了人类智能机械化的

可能性[4]，为现代计算机的出现奠定了理论基础。同时该文中还提出了著名的"图灵准则"，在人工智能研究领域，"图灵准则"已成为最重要的智能机标准。同一时期，沃伦·麦卡洛（Warren McCullocli）和沃尔特·皮特（Walter Pitts）发表了论文 *A Logical Calculus of the Ideas Immanent in Nervous Activity*[5]，该文证明，一定类型的可严格定义的神经网络，原则上能够计算一定类型的逻辑函数，并开创了当前人工智能研究的两大类别"符号论"和"联结论"。

20世纪60年代至70年代初，人工智能领域有影响力的工作是通用问题求解程序，主要包括：罗宾逊（Robinson）于1965年提出了归结原理，成为自动定理证明的基础[6]；费根鲍姆（Feigenbaum）于1968年研制成功了树状化学专家系统，是人工智能走向实用化的标志；奎利安（Quillian）于1968年提出了语义网络的知识表示；等等。20世纪70年代，人工智能研究以自然语言理解、知识表示为主。威诺格拉德（Winograd）于1972年研制开发了自然语言理解系统什德鲁，同时期科尔梅拉厄（Colmeraue）创建了Prolog语言；尚克（Shank）于1973年提出了概念从属理论；明斯基于1974年提出了框架知识表示法；1977年，费根鲍姆（Feigenbaum）提出了知识工程，专家系统开始得到广泛应用。

20世纪80年代以来，以推理技术、知识获取机器视觉的研究为主，开始了不确定性推理和确定性推理方法的研究。日本计算机界推出了"第五代计算机研制计划"，该计划最终未能实现当初的目标——以非数字化方式在日常范围内全面地模仿人类行为，但该计划也为人工智能的进一步发展积累了很多经验。20世纪90年代，人工智能研究在博弈这一领域有了实质性的进展。1997年5月11日，一个名为"深蓝"（Deep Mind）的IBM计算机以2胜1负3平的成绩战胜了国际象棋世界冠军卡斯帕罗夫，这举世震惊的一步大大地振奋了整个人工智能界，但事实上"深蓝"打败卡斯帕罗夫仍是从专家系统提供的所有可能的走步中选择最优的，并未有理论上的实质性的突破。

中国人在人工智能领域也有突出贡献。1960年，华裔美国数理逻辑学家王浩提出了命题逻辑的机器定理证明的新算法，利用计算机证明了集合论中的300多条定理。1977年，我国数学家、人工智能学家吴文俊提出了初等几何判定问题的机器定理证明方法，并进一步推广到初等微分几何、非欧几何领域，被称为"吴氏方法"。20世纪80—90年代，我国高等院校和研究机构在智能控制与智能机器人的研究开发方面，取得了丰硕的成果。

表1-2回顾了近代人工智能发展的几个关键点。

表 1-2　近代人工智能发展的关键点

| 时间 | 事件 | 特征 | 意义 |
|---|---|---|---|
| 1987 年 5 月 | 在麻省理工学院召开了专题讨论会 | 人工智能学术界的代表人物 | 阐明了各自对人工智能基础的观点 |
| 1987 年 | 麦克德莫特（McDermott） | *Computational Intelligence* 杂志发表了论文《纯粹理论批判》 | 自此人工智能的几次学术会议都有关于非单调推理背景的常识表示和推理的辩论 |
| 1991 年 | | 著名杂志 *AI* 发表了人工智能基础专辑，并就人工智能有关方面的基础性假设进行了辩论 | 这场辩论本身就是对人工智能基础理论发展的一种促进 |

# 1.3　广义人工智能及其研究特点

当前，人工智能学科已从学派分歧的、传统的、狭义的人工智能，走向多学派兼容、多层次结合、现代的广义人工智能，并将发展成为人机集成的、群体协同的、未来的智能科学技术。广义人工智能学科的理论基础是广义智能信息系统论，主要包括广义智能论、智能信息论和智能系统论。

## 1.3.1　广义人工智能的概念含义和学科体系

多学派人工智能是指模拟、延伸与扩展人以及其他动物的智能，既研究机器智能，也开发智能机器。多层次人工智能不仅研究专家系统，而且研究人工神经网络、模式识别、智能机器人等。多智体人工智能研究群体的、网络的多智体和分布式人工智能，研究如何使分散的个体人工智能协调配合，形成协同的群体人工智能，模拟、延伸与扩展人的群体智能或其他动物的群体智能[7]。广义人工智能的研究对象是自然智能、人工智能、集成智能和协同智能，根据广义智能学的研究对象，其学科体系主要包括 4 个方面。

（1）自然智能学。自然智能学研究人的智能及其他生物智能的个体智能、群体智能的基本概念和特性。

（2）人工智能学。人工智能学研究机器智能与智能机器两方面，思维、感知、行为三层次的广义人工智能的基本概念和特性，分析设计、协调协同、进化开拓、评价测度、信息处理、系统构成、管理控制的理论和方法。

（3）集成智能学。集成智能学研究自然智能与人工智能，主要是人的智能与机器智能如何协调配合、取长补短、合理分工、智能结合，形成集成智能、构成人机和谐集成智能系统的基本理论和方法。

（4）协同智能学。协同智能学研究智能个体如何相互协调、友好协商、分工协作，组成智能群体，组成分布式网络群体协同智能系统的基本理论和方法。

## 1.3.2　广义人工智能的科学方法和科学意义

（1）多学科协同。广义人工智能是跨学科的综合性边缘学科，必须包含信息科学、生物科学、系统科学等多学科协同的科学研究方法。

（2）多途径结合。广义人工智能是对广义自然智能的模拟、延伸和扩展，需要采取功能模拟、结构模拟、行为模拟等定性研究与定量分析，综合集成的多途径相结合的科学方法。

（3）多学派兼容。广义人工智能的研究应当也需要采取符号主义、联结主义、行为主义等多学派兼容的科学方法。

研究发展广义智能学具有重要科学意义和应用价值，广义人工智能协同地、综合地研究自然智能、人工智能，开发人机集成智能、群体协同智能的基础理论和方法，如协同研究自然智能与人工智能；研究开发人机集成智能；研究开发群体协同智能；广义人工智能为研究人工智能和自然智能提供新思路和新方法，并为发展智能科学技术提供新理论。

## 1.3.3　广义人工智能的研究特点

根据 2017 年 7 月 20 日国务院发布的《新一代人工智能发展规划》，广义人工智能的研究特点可以总结为 8 个方面。

**1. 芯片、5G 等人工智能基础设施与技术研发热潮持续升温**

在 AI 芯片研发领域，2018 年初，国家发改委公布《2018 年"互联网＋"人工智能创新发展和数字经济试点重大工程支持项目名单》，曙光信息产业股份有限公司联合中国科学院计算技术研究所、北京市商汤科技开发有限公司等公司申报的"面向深度学习应用的开源平台建设及应用"项目成功入选，各大企业纷纷进军人工智能芯片研发领域。

**2. 智慧医疗、健康大数据行业进一步崛起**

用人工智能诊断疾病一直是医疗行业的梦想。2018 年 4 月，国务院办公厅发布了《关于促进"互联网＋医疗健康"发展的意见》,进一步明确发展"互联网＋"人工智能应用服务的重要性。在此背景下,由人工智能赋能的健康保健、体检、智能可穿戴设备、消费医疗等医疗业态将进一步崛起。

### 3. 智慧制造继续推进中国制造业品质革命

浙江吉利控股集团董事长李书福曾在 2018 年 10 月举行的"2018 世界智能制造大会"上表示,降本增效,以用户体验为中心,全面推进品质革命。这既是中国制造业的唯一出路,也是中国制造业的广阔前景。在行业形势及国家政策推动下,我国智能制造产业发展迅速,产值规模已经达到 15000 亿元。当前,世界经济进入下行趋势,各国对于制造业发展愈发重视,纷纷加快推动技术创新,促进制造业转型升级,智能制造战略由此不断升温。目前,智能化、绿色化已成为制造业发展的主流。

### 4. 智慧城市细分场景逐步明确,体系初步成型

所谓智慧城市,就是采用物联网技术,例如互联传感器、计量器和路灯,来采集并分析数据,进而改进公共基础设施和服务。智慧城市有望大大改变市民生活、工作和出行方式。目前,智慧城市在继续完善的同时,将进一步细化城市生活的各个场景。

### 5. 引入外脑,人工智能产业合作、国际合作组织不断组建

2018 年 11 月,在腾讯全球合作伙伴大会上,英特尔人工智能产品事业部副总裁兼首席运营官 RemiEl-Ouazzane 宣布了与腾讯优图实验室合作开发的人工智能新成果——腾讯优图 AI 摄像机以及优图 AI 盒子。同月,霍尼韦尔宣布将与宝山钢铁股份有限公司(简称宝钢股份)就大数据分析、机器自学习等人工智能在钢铁行业的智能制造领域应用展开合作,共同打造领先的互联工厂。腾讯公司与罗氏制药(中国)也宣布达成战略合作,共同探索大数据和人工智能技术在医疗行业的应用,实现大数据价值转化,推动医疗健康产业数字化升级。

### 6. 人工智能延伸落地到全新场景

2018 年 5 月 28 日,人人译视界发布了国内首款 AI 智能翻译协作平台"人人译视界",并宣布与网易人工智能旗下网易见外、台湾百聿集团达成战略合作。AI 智能语音转写听翻平台"网易见外",为人人译视界提供 AI 视频翻译技术。通过该项技术,无字幕视频能够一键智能生成中英双语字幕,完成了初步的字幕听写、翻译和切轴工作,编译工作者只需进行后期校对。

### 7. 中国人工智能企业出海崭露头角

随着中国政府"一带一路"的政策加持,2018 年,中国 AI 科技创新领域的优秀企

业已经在其他国家和地区崭露头角。药明明码(WuXiNextCODE)在2018年11月宣布完成对爱尔兰基因组医学公司Genomics Medicine Ireland(GMI)的收购,后者将成为药明明码爱尔兰子公司。该投资是药明明码总投资4亿美元的爱尔兰国家级别精准医疗计划的核心组成部分。GMI将与爱尔兰当地一流医院和医疗机构合作,共招募40万人,携手打造结合个人全基因组测序数据与医疗健康数据的强大数据库,应用药明明码一体化信息管理、分析、解读及人工智能技术,提供直接数据查询及其他数据服务。同时,"卢西亚的新生——数字巴西国家博物馆"项目签约仪式在巴西驻华大使馆举行。为帮助巴西国家博物馆从灰烬中重建,腾讯将借助图像识别和大数据能力,与巴西国家博物馆共同打造"数字巴西国家博物馆"。同时,腾讯和巴西国家博物馆还将邀请中国游客分享他们以往参观博物馆时所拍摄的图像、视频或其他记录,以帮助恢复文物。同月,华为旗下云服务品牌华为云在2018年南非通信展览会(Africa Com 2018)上宣布南非新大区开服,这使该公司成为全球第一家在非洲有本地数据运营中心提供云服务的供应商。该南非大区将于今年年底开始提供云服务,使在南非以及其周边的国家地区组织可以获得低延迟、可靠和安全的云服务,包括弹性云服务器(Elastic Cloud Server,ECS)、对象存储服务(Object Storage Service,OSS)等。

### 8. 资本寒冬人工智能热度不减

普华永道2018年3月作出预计,人工智能将成为一个巨大的市场,到2030年将达到15.7万亿美元的规模。2018年,在陷入寒冬的背景下,资本依然不断涌入人工智能产业。自2017年7月创下全球AI领域的融资纪录后,人工智能平台公司商汤科技在2018年4月宣布完成6亿美元的C轮融资。本轮由阿里巴巴集团领投,新加坡主权基金淡马锡、苏宁等投资机构和战略伙伴跟投,再次刷新人工智能产业的融资纪录。全球精准医学领域引领者、一体化基因研发应用和大数据赋能平台药明明码在2018年7月宣布成功完成总金额达2亿美元的C轮融资。药明明码C轮融资由爱尔兰战略投资基金(ISIF)领投7000万美元,其他参与方还包括药明明码现有股东淡马锡、云锋基金和红杉资本等。这也是药明明码于2017年9月顺利完成2.4亿美元B轮融资之后的新一轮融资。中国平安则在2018年11月宣布,未来十年的科研投入将达人民币1000亿元,用以巩固其在金融服务行业的领导地位。相关资金将被投入人工智能、区块链和云计算等核心技术,以持续赋能集团的五大生态圈——金融服务、医疗健康、汽车服务、房产服务及智慧城市服务。以上为美通社根据今年企业新闻稿情况总结的人工智能发展趋势。当然,在很多媒体的报道中,人工智能的描述更加美好,例如自动驾驶汽车组成的车队基本上不会遇到车祸或者交通拥堵;机器人医生诊断疾病通常只需要几毫秒;智能的基础设施将会优化人员与货物的流动,并在需要修理之前自动维护等。

# 1.4 人工智能的研究领域

人工智能学科研究的主要内容包括知识表示、自动推理、搜索方法、机器学习、知识获取、知识处理系统、自然语言理解、计算机视觉、智能机器人、自动程序设计等方面。目前人工智能研究的 3 个热点是智能接口技术、智能信息处理、主体及多主体系统[8]。

### 1. 智能接口技术

智能接口技术研究如何使人们能够方便自然地使用计算机。这一目标的实现要求计算机能够看懂文字、听懂语言,甚至能够进行不同语言之间的翻译,而这些功能的实现又依赖于对知识表示方法的研究。因此,智能接口技术的研究有巨大的应用价值。目前,智能接口技术已经取得了显著成果,文字识别、语音识别、语音合成、图像识别、机器翻译以及自然语言理解等技术已经开始实用化,如微软提出的云计算、百度提出的框计算都与智能接口技术有关。

### 2. 智能信息处理

计算机的广泛应用使人类进入一个信息爆炸的时代,国民经济和社会信息化发展所面临的一个重要课题是如何把大量的数据转化为有用的知识,并将知识转化为智能,用于决策、管理、检索、过程控制等。智能信息处理使从海量数据中提取有用知识成为可能,当前,图形模式作为一种有效的智能数据处理手段正在引起人们的重视,图形模式具有多功能性、有效性及开放性等特征,能有效地将数据转化为知识,并利用这些知识进行推理,以解决分类、聚类、预测和因果分析等问题,其有效性已在软件智能化、医疗故障诊断、金融风险分析、DNA 功能分析和 Web 采掘等方面得到验证。随着图形模式学习和基于图形模式推理等问题的解决,图形模式必将成为重要和有力的智能化数据分析与处理工具。

### 3. 主体及多主体系统

主体是具有信念、愿望、意图、能力、选择等心智状态的智能性实体,而且具有一定自主性。主体试图自主独立地完成任务,同时又可以和环境交互,与其他主体通信,并通过规划达到目标。多主体系统主要研究在逻辑上或物理上分离的多个主体之间进行协调智能行为,最终实现问题求解。目前对主体和多主体系统的研究主要集中在主体和多主体理论、主体的体系结构和组织、主体语言、主体之间的协作和协调、通信和交互技术、多主体学习以及多主体系统应用等方面。

# 1.5　人工智能的应用领域

说到人工智能,目前被炒得最热的似乎都是些高大上的应用,如无人驾驶、AlphaGo下围棋等,然而,实实在在带来实惠的应用曝光度并不高。但是,科幻小说和神话中的世界确实正在成为现实——作为一个现代人,不管你搬家、旅行,还是在外卖App上点一杯热咖啡,都离不开人工智能。在我们的生活中,人工智能已经无处不在,以下是几个人工智能常用的例子[9]。

**1. 谷歌:你身边的人工智能**

2002年,尚未成为谷歌CER的劳伦斯·爱德华·佩奇(Lawrence Edward Page)曾在面对"为什么谷歌要做免费搜索"的提问时,回答说:"不,我们在做人工智能。"实际上,谷歌搜索正是一种完善人工智能的尝试。

用户在谷歌上的每一次搜索,都是在辅导人工智能进行深度学习。谷歌搜索在表面上只是一款搜索引擎,但其引擎的机理和很多人工智能程序相同,是以并行计算、大数据及更深层次算法为基础,完成对数据、问题的智能化分析。或许很多谷歌用户都能感受到,谷歌搜索正变得越来越"聪明",越来越"懂你",而赋予其这种学习能力的,正是人工智能。

**2. 苹果siri:为你解决问题的人工智能**

相比于搜索引擎,人们对有"感情"的siri明显更有兴趣。siri用到的技术同样基于人工智能以及云计算,通过与用户交互获取用户需求,将自然语言转化为"真实含义",交由知识库分析、检索所需结果,最终再转换为自然语言回答给用户。短短数秒之内,siri就能将用户需求转化为多种不同的表述方式并完成在海量数据中的搜索。还记得电影 *Her* 中让主人公纠结不已的虚拟女友吗?随着这项技术的不断演进,人工智能将会越来越完美地满足人类的需求,如何使人类不要迷恋上人工智能可能真的将是下一个阶段的议题。

**3. 音乐工业进化:人工智能自动为用户选曲**

今天还在为应该听什么歌而发愁?互联网音乐工业将采用更先进的方式来为你解决这个问题。谷歌、百度和Spotify还没有完全向外界展示该方法的全貌,但他们都努力在用一种叫作深度学习(Deep Learning)的人工智能系统为用户提供更好的音乐播放列表。

深度学习是人工智能的一个培训系统分支,称为人工神经网络。目前,所有这些公司都聘请了深度学习专家。包括谷歌、百度在内的公司把深度学习工具用于各种目的,例如广告、语音识别、图像识别甚至是数据中心优化。现在,这些公司正在转向音乐工业。基于音乐流媒体服务的神经网络,无须音乐家的指点,就可以识别音乐的和弦模式,然后推荐符合用户喜好的歌曲、专辑或艺术家。把这些复杂的系统投入实际应用不是一朝一夕的事情,但是,一旦该技术变得成熟,深度学习可能让用户未来对于音乐流媒体服务无法割舍。

### 4. 开了挂的百度外卖

2016 年 3 月 19 日的中国苏州,一场百度开发者技术交流会在这里举办,主讲嘉宾在开始演讲前用百度外卖定了 200 份星巴克给现场参会的嘉宾和开发者们饮用。半小时的演讲结束后,百度外卖的 15 名骑士将 200 杯星巴克准时送达会场。如果以人类传统方式统筹,冲调一杯咖啡至少需要 3 分钟时间,当接到 200 份星巴克订单时,单个店做完,大概需要 10 小时;但若是在苏州 90 多家星巴克同步制作,对物流又是一个堪称恐怖的考验。以最短时间内完成制作、全部送到会场为目的,百度外卖背后的人工智能技术就开始了推演,哪些门店制作哪些品类、大数据测算分别估计耗时、需要分派几个骑士在什么时间到达、什么路线最优且不堵车……最终人工智能结合现实环境的数字推演,让会场上的人及时得到了优质的服务。目前,百度开放云汇聚了百度所有对外开放的技术、平台和服务,提供产品孵化、研发支持、运维托管、统计分析、分发推广、换量变现等全方位服务和支持。通过平台化、接口化和标准化的方式,为开发者提供服务。神秘的人工智能技术,科幻里才会出现的尖端研究,从此成了开发者可以随时调用的"标准套餐",加速的不仅是 200 杯星巴克。

### 5. 妙计旅行:用智能应用代替人工顾问

和目前国内其他涉及定制旅游的公司不同,妙计旅行是一款技术流们研发的自由行规划产品。这家具有极客精神的公司坐落在北京一个 2000m² 的胡同院子里,员工在拥有露天餐厅、阳光露台、健身房的开放式空间里忙碌办公。

在以产品大数据为支撑的妙计旅行 v2.0 中,收录了 2.4 亿条航线、6000 万条火车线路、近 150 万条巴士线路和超过 10 万家酒店(也有 1.4 万元双人欧洲 7 日自由行的完美解决方案)。在同行不得不为旅行定制付出大量时间去做客户沟通的时候,妙计旅性的应用却可以在同一时间在线完成无数条路线的规划和定制。所以不难理解为什么他们作为一家旅游公司,85％的员工是技术人员了,而创始人兼CEO张帆本人就曾经是搜狗搜索的技术工程师。

### 6. 诸葛找房:只提供真实房源的人工智能找房神器

每天3亿次＋的数据重组更新,诸葛找房的技术团队利用算法优势,深度结合了人工智能技术,让用户通过语音聊天就能轻松匹配全网优质房源。诸葛找房推出了国内首款人工智能找房App。作为房产垂直搜索引擎,诸葛找房将房产大数据技术应用到极致,深度结合人工智能技术,让用户只通过语音聊天就能匹配全网优质房源,也可以获得全面的房产知识。另外,由诸葛找房研发团队开先河的创新算法——预期妥协算法,是一款洞察"人性"的产品呈现。用户通过人机对话的方式来寻找心仪的房子,而整个寻找的过程,每次操作的细节(需求不断妥协的过程),都被诸葛小AI悉数掌握,并随之不断呈现经过修正的精准搜索结果。诸葛小AI像一个智商和记忆力超群的机器人,可以把最适合的房源悄无声息地推送给用户。与此同时,由于诸葛找房的房产数据非常实用而丰富,对任何房产问题都能应答自如,使得用户教育成本很低,不管是否熟悉房产行业,是否高龄群体,只要会点击屏幕、会语音聊天,就能使用该产品,让用户瞬间变成房产专家——当然这对一些无良中介来说不能算是一个好消息。

### 7. 千架无人机供全球50亿人上网

无人机是现在最火的智能设备,除了民用航拍,专家们近几年还开始利用它们回传的视频和图片进行大型工程的结构检查。人们将现有的机器视觉AI技术加入无人机,它就可自行对设备进行检视,大大缩短了设备维护的时间。2016年,Facebook曾计划使用1000多架太阳能激光无人机为全球50亿人提供上网服务,用激光从6万～9万英尺(约合1.8万～2.7万米)的高空发送高速数据供全球最偏远的地区上网。该公司使用的是名为Aquila的无人机,这种V形无人机的翼展与波音767相仿,重量却不及一辆小轿车。虽然Facebook在2019年已经放弃了该项计划,但它没有放弃扩展全球宽带的计划。

### 8. 医疗辅助

迪士尼动画《超能陆战队》中的机器人大白就是个典型的医疗伴侣,它能够快速扫描、检测出人体的不正常情绪或创伤并对其治疗。走出电影,IBM推出的曾经在围棋圈打遍天下无敌手的超级电脑深蓝的升级版沃森(Watson)可以运用认知计算能力,从病人病例和巨大的研究资料库中寻找资料,帮助医护人员找到最有效的治疗方案。沃森是一个认知学习智能软件,在2011年2月参加美国最受欢迎的智力问答节目《危险边缘》时挑战了该节目的两名总冠军并战胜了他们。声名大振后,沃森进军医疗界,现在,沃森医生这个人工智能系统已经开始和美国斯隆-凯特林癌症中心合作,辅助美国、泰国和印度几家医院的医生诊断乳腺癌、肺癌和直肠癌,同时美国也出现了对主流医院进行评价的智能软件,供广大公众选择。这个平台对美国近 5000 家医院、约 14 万医生以及 16 个医疗领域的 137 家专业医院进行排名。美国人还做了一款声控智能轮椅,可以记忆熟悉目的地之间的路线,并通过声控实现从 a 点到 b 点的自动控制。

### 9. 家用 AI 和孩子一起成长的家庭成员

每个人都抱怨过自己没有汽车房子,但是更多人抱怨过我们缺少一个像大白那样忠实的朋友。Akastudy 公司一直希望能够开发出一款人工智能机器人,它可以按照自己的想法去思考,为人们创造出一种交互式的学习环境。如今,这个梦想终于实现了,Akastudy 公司终于开发出了 Musio,一些人夸张地说"他"是一款具有毁灭人类潜质的机器人,这当然是因为 Musio 超强的学习和适应能力。Musio 还可以作为孩子的学习工具。用户使用 Musio 的次数越多,它就越智能。而用户则可以在它的陪伴下成长,最重要的是,它的众筹价格只有 159、299 和 599 美元三个版本,价格越高,硬件配置越好,智能程度越高——这是很平民化的价格。

不难发现,其实和深蓝、沃森一样,击败围棋选手只是 AlphaGo 的让普罗大众发现的方式而已,它们真正的用武之地其实在人类社会生活的各个方面。随着物联网覆盖越来越多的应用场景,这个世界将会被人工智能所包围。万物互联,赋予万物感知,开启一个崭新的万物感知新时代[10]。

人们对于人工智能可能带给我们的更加高效、自由的智能生活充满期待,然而,许多人也开始担心未来人工智能会抢掉许多人的饭碗,甚至进一步毁灭全人类,关于这一点不在本书讨论范围内。

# 1.6　人工智能的主要学派

目前,人工智能的主要学派有以下三种[11]:

(1) 符号主义(symbolicism),又称为逻辑主义(logicism)、心理学派(psychologism)或计算机学派(computerism),其原理主要为物理符号系统(即符号操作系统)假设和有限合理性原理。

(2) 连接主义(connectionism),又称为仿生学派(bionicsism)或生理学派(physiologism),其主要原理为神经网络及神经网络间的连接机制与学习算法。

（3）行为主义（actionism），又称为进化主义（evolutionism）或控制论学派（cyberneticsism），其原理为控制论及感知-动作型控制系统。

### 1. 符号主义

符号主义认为人工智能源于数理逻辑。数理逻辑从 19 世纪末起得以迅速发展，到 20 世纪 30 年代开始用于描述智能行为。计算机出现后，又在计算机上实现了逻辑演绎系统。其代表性成果为启发式程序逻辑理论家，该程序证明了 38 条数学定理，表明了可以应用计算机研究人的思维，模拟人类智能活动。正是这些符号主义者，早在 1956 年首先采用人工智能这个术语。后来又发展了启发式算法——专家系统，即知识工程理论与技术，并在 20 世纪 80 年代取得很大发展。符号主义曾长期一枝独秀，为人工智能的发展做出重要贡献，尤其是专家系统的成功开发与应用，对人工智能走向工程应用和实现理论联系实际具有特别重要的意义。

在人工智能的其他学派出现之后，符号主义仍然是人工智能的主流派别。这个学派的代表人物有纽厄尔、西蒙和尼尔逊（Nilsson）等。

### 2. 连接主义

连接主义认为人工智能源于仿生学，特别是对人脑模型的研究。它的代表性成果是 1943 年由生理学家麦卡洛克（McCulloch）和数理逻辑学家皮茨（Pitts）创立的脑模型，即 MP 模型，该模型开创了用电子装置模仿人脑结构和功能的新途径。它从神经元开始进而研究神经网络模型和脑模型，开辟了人工智能的又一发展道路。20 世纪 60—70 年代，连接主义，尤其对以感知机（Perceptron）为代表的脑模型的研究出现过热潮，由于受到当时的理论模型、生物原型和技术条件的限制，脑模型研究在 20 世纪 70 年代后期至 80 年代初期陷入低潮。直到 Hopfield 教授在 1982 年和 1984 年发表了两篇重要论文，提出用硬件模拟神经网络以后，连接主义才又重新抬头。1986 年，鲁梅尔哈特（Rumelhart）等提出多层网络中的反向传播（Back Propagation，BP）算法。此后，连接主义势头大振，从模型到算法，从理论分析到工程实现，为神经网络计算机走向市场打下基础。现在，对人工神经网络（Artificial Neural Network，ANN）的研究热情仍然较高，但研究成果没有像预想的那样好。

### 3. 行为主义

行为主义认为人工智能源于控制论。控制论思想早在 20 世纪 40—50 年代就成为时代思潮的重要部分，影响了早期的人工智能工作者。维纳（Wiener）和麦克洛克（McCulloch）等提出的控制论和自组织系统以及钱学森等提出的工程控制论和生物控制论，影响了许多领域。控制论把神经系统的工作原理与信息理论、控制理论、逻辑

16

以及计算机联系起来。早期的研究工作重点是模拟人在控制过程中的智能行为和作用，如对自寻优、自适应、自镇定、自组织和自学习等控制论系统的研究，并进行"控制论动物"的研制。到20世纪60—70年代，上述这些控制论系统的研究取得一定进展，播下智能控制和智能机器人的种子，并在20世纪80年代诞生了智能控制和智能机器人系统。行为主义是20世纪末才以人工智能新学派的面孔出现的，引起了许多人的兴趣。这一学派的代表作首推布鲁克斯(Brooks)的六足行走机器人，它被看作是新一代的"控制论动物"，是一个基于感知-动作模式模拟昆虫行为的控制系统。

## • 赫伯特·西蒙和艾伦·纽厄尔
### ——人工智能符号主义学派的创始人

1975年度的图灵奖授予卡内基·梅隆大学的两位教授赫伯特·西蒙(Herbert Alexander Simon)和艾伦·纽厄尔(Allen Newell)。他们两人曾是师生，后来成为极其亲密的合作者，共事长达42年。这是图灵奖首次同时授予两位学者。

图1-1　赫伯特·西蒙

西蒙1916年6月15日生于威斯康辛州密歇根湖畔的密尔沃基(Milwaukee)，他的父亲是一位在德国出生的电气工程师，母亲则是颇为成功的钢琴演奏家。西蒙从小就很聪明好学，在密尔沃基的公立学校上学时跳了两级，因此在芝加哥大学注册入学时只有17岁。还在上大学时，西蒙就对密尔沃基市游乐处的组织管理工作进行过调查研究，这项研究激发起了西蒙对行政管理人员如何进行决策这一问题的兴趣，这个课题从此成为他一生事业中的焦点。

而他 1943 年在匹兹堡大学研究生院毕业时被授予的是政治学博士头衔。他和纽厄尔同获图灵奖,是因为他们在创立和发展人工智能方面做出了杰出贡献。

西蒙是一个令人敬佩而惊叹的学者,具有传奇般的经历。他多才多艺,兴趣广泛,会画画,会弹钢琴,既爱爬山、旅行,又爱学习各种外国语,能流利地说多种外语。作为科学家,他涉足的领域之多,成果之丰,影响之深远,令人叹为观止。

西蒙在 1978 年荣获诺贝尔经济学奖,不言而喻是世界一流的大经济学家。1936 年他从芝加哥大学毕业,取得政治学学士学位以后,应聘到国际城市管理者协会(International City Managers' Association,ICMA)工作,很快成为用数学方法衡量城市公用事业的效率的专家。在那里,他第一次用上了计算机(当然还只是机电式的),因为他作为 *Municipal Yearbook* 的助理编辑,需要在计算机上对数据进行统计、分类、排序和制表。对计算机的兴趣和实践经验对他后来的事业产生了重要影响。

1942 年,在完成洛克菲勒基金项目以后,西蒙转至伊利诺伊理工学院政治科学系,在那里工作了 7 年,其间还担任过该系的系主任。1949 年,他来到他的最后一个落脚点卡内基·梅隆大学(当时还是卡内基·梅隆学院),在新建的经济管理研究生院任教。他一生中最辉煌的成就就是在这里做出的。

20 世纪 50 年代,他和纽厄尔以及另一位著名学者约翰·肖(John Cliff Shaw)一起,成功开发了世界上最早的启发式程序逻辑理论家(LogicTheorist,LT)。逻辑理论家证明了数学名著《数学原理》第二章 52 个定理中的 38 个定理(1963 年对逻辑理论家进行改进后可全部证明 52 个定理),受到了人们的高度评价,这是用计算机探讨人类智力活动的第一个真正的成果,也是图灵关于机器可以具有智能这一论断的第一个实际的证明。同时,逻辑理论家也开创了机器定理证明(Mechanical Theory Proving)这一新的学科领域。

1969 年,美国心理学会由于西蒙在心理学上的贡献而授予他"杰出科学贡献奖"(Distinguished Scientific Contributions Award)。西蒙自己在他 1991 年出版的 *Models of My Life,Basic Books* 一书中这样描写他自己:"我诚然是一个科学家,但是是许多学科的科学家。我曾经在许多科学迷宫中探索,这些迷宫并未连成一体。我的抱负未能扩大到如此程度,使我的一生有连贯性。我扮演了许多不同角色,角色之间有时难免互相借用。但我对我所扮演的每一种角色都是尽了力的,从而是有信誉的,这也就足够了。"

1956 年夏天,数十名来自数学、心理学、神经学、计算机科学与电气工程等领域的学者聚集在位于美国新罕布什尔州汉诺威市的达特茅斯学院(这个学院后来还因在 1966 年由 John G. Kemeny 和 T. E. Kurtz 发明了简单易学、使用方便的交互式语言

BASIC 而闻名于世),讨论如何用计算机模拟人的智能,并根据麦卡锡(J. McCarthy,1971 年图灵奖获得者)的建议,正式把这一学科领域命名为"人工智能"(Artificial Intelligence)。西蒙和纽厄尔参加了这个具有历史意义的会议,而且他们带到会议上去的逻辑理论家是当时唯一可以工作的人工智能软件,引起了与会代表的极大兴趣与关注。因此,西蒙、纽厄尔以及达特茅斯会议的发起人麦卡锡和明斯基(M. L. Minsky,1969 年图灵奖获得者)被公认为是人工智能的奠基人,被称为"人工智能之父"。1986 年,西蒙又因为在行为科学上的出色贡献而荣获美国全国科学奖章(National Medal of Science)。

值得借鉴的是,西蒙有 5 条工作和生活的原则:

(1) 作出选择时,绝不自我设限;

(2) 用好奇心打破边界;

(3) 高度聚焦,懂得取舍;

(4) 理性看待金钱;

(5) 看重并享受简单的日常生活。

在《认知:人行为背后的思维与智能》一书中,西蒙探讨了人们如何解决问题、如何决策、专家如何炼成、人如何学习、如何发现科学。例如,讲到解决问题时,他分析了人认知的三种机能,把注意力、记忆、联想都讲到了;讲到如何学习时,他用最简单的小学算术题,演示了如何强化学习动机,改善学习结果,甚至如何迁移,用学会的东西去解决新的任务。在每一个话题之下,西蒙都用最言简意赅的方式进行了清晰的分析。在作选择时,西蒙的原则是"我从不限制自己学什么,不学什么"。

# 参 考 文 献

[1] 马少平,朱小燕.人工智能[M].北京:清华大学出版社,2004.

[2] 石纯一,黄昌宁,土家钦.人工智能原理[M].北京:清华大学出版社,1993.

[3] Bord M A.人工智能哲学[M].刘西瑞,王汉琦,译.上海:上海译文出版社,2001.

[4] 丁莹.研究人工智能的一条新途径[J].计算机技术与发展,2012,22(003):133-136.

[5] 肖斌,薛丽敏,李照顺.对人工智能发展新方向的思考[J].信息技术,2009(12):166-168.

[6] 任锦,彭玮.浅析人工智能技术[J].科教文汇,2010(12):83-83.

[7] 唐培和,刘浩,蒋联源.人工智能研究的局限性及其困境[J].广西工学院学报,2010(3):1-7.

[8] 王骏.人工智能的发展规律研究[J].开封大学学报,2003(02):55-58.

[9] 钟义信.人工智能的突破与科学方法的创新[M].北京:北京邮电大学,2012.

[10] 姬翔,杜文静.人工智能论析[J].中山大学学报论丛,2006,26(8):22-24.

[11] 胡勤.人工智能概述[J].电脑知识与技术:学术交流,2010(5):3507-3509.

# 第2章 人工智能的伦理道德

人工智能按照目前的发展趋势，很有可能在不久的未来要在所有层面取代人类，并非仅仅简单地用机器能源和力量取代人类的能源和力量。很显然，这种新的取代将对我们的生活产生深远影响[1]。虽然在21世纪初乃至今天未成为现实，但已经成为诸多文学和影视作品的题材。例如，《银翼杀手》《机械公敌》《西部世界》等电影以人工智能反抗和超越人类为题材，机器人向乞讨的人类施舍的画作登上《纽约客》杂志2017年10月23日的封面等。人们越来越倾向于讨论人工智能究竟在何时会形成属于自己的意识，并超越人类，让人类沦为它们的奴仆。

## 2.1 挑战伦理道德：人工智能的担忧

虽然前面的担心有夸张的成分，但人工智能技术的飞速发展的确给未来带来了一系列挑战。其中，人工智能发展最大的问题，不是技术上的瓶颈，而是人工智能与人类的关系问题，这催生了人工智能的伦理学和跨人类主义的伦理学问题。准确来说，这种伦理学已经与传统的伦理学发生了较大的偏移，其原因在于，人工智能的伦理学讨论的不再是人与人之间的关系，也不是与自然界的既定事实（如动物、生态）之间的关系，而是人类与自己所发明的一种产品构成的关联，如果这种特殊的产品——根据未来学家库兹威尔在《奇点临近》中的说法——一旦超过了某个奇点，就存在彻底压倒人类的可能性[2]。在这种情况下，人与人之间的伦理是否还能约束人类与这个超越奇点之间的关系？

实际上，对人工智能与人类之间伦理关系的研究，不能脱离对人工智能技术本身的讨论。在人工智能领域，从一开始，准确来说是依从着两种完全不同的路径来进行的。

首先，是真正意义上的人工智能的路径，1956年，在达特茅斯学院召开了一次特殊的研讨会,会议的组织者约翰·麦卡锡为这次会议起了一个特殊的名字——人工智能夏季研讨会。这是第一次在学术范围内使用"人工智能"的名称,而参与达特茅斯会议的麦卡锡和明斯基等直接将这个名词作为一个新的研究方向的名称。实际上,麦卡锡和明斯基思考的是,如何将我们人类的各种感觉,包括视觉、听觉、触觉,甚至大脑的思考,都变成称作"信息论之父"的香农意义上的信息,并加以控制和应用。这一阶段人工智能的发展,在很大程度上还是对人类行为的模拟,其理论基础来自德国哲学家莱布尼茨的设想,即将人类的各种感觉转化为量化的信息数据,也就是说,我们可以将人类的各种感觉经验和思维经验看成是一个复杂的形式符号系统,如果具有强大的信息采集能力和数据分析能力,就能完整地模拟出人类的感觉和思维。这也是为什么明斯基信心十足地宣称"人的脑子不过是肉做的电脑"。不仅麦卡锡和明斯基成功地模拟出视觉和听觉经验,后来的特里·谢伊诺斯基和杰弗里·辛顿也根据对认知科学和脑科学的最新进展,发明了 NET talk 程序,模拟了类似于人的"神经元"的网络,让该网络可以像人的大脑一样进行学习,并能够做出简单的思考。

然而,在这个阶段中,所谓的人工智能在很大程度上都是在模拟人的感觉和思维,让一种更像人的思维机器能够诞生。著名的图灵测试,也是在是否能够像人一样思考的标准上进行的。图灵测试的原理很简单,让测试一方和被测试一方彼此分开,只用简单的对话来让处在测试一方的人判断被测试方是人还是机器,如果有 30% 的人无法判断对方是人还是机器,则代表通过了图灵测试。所以,图灵测试的目的仍然是检验人工智能是否更像人类。但是,问题在于机器思维在作出自己的判断时是否需要人的思维这个中介。也就是说,机器是否需要先绕一个弯路,即将自己的思维装扮得像一个人类,再去作出判断?显然,对于人工智能来说,答案是否定的,因为如果人工智能是用来解决某些实际问题,那它们根本不需要让自己经过人类思维这个中介再去思考和解决问题。人类的思维具有一定的定势和短板,强制性地模拟人类大脑思维的方式,并不是人工智能发展的良好选择。

所以,人工智能的发展走向了另一个方向,即智能增强(Intelligence Augmentation,IA)上。如果模拟真实的人的大脑和思维的方向不再重要,那么,人工智能是否能发展出一种纯粹机器的学习和思维方式?倘若机器能够思维,是否能以机器本身的方式来进行?这就出现了机器学习的概念。

机器学习的概念,实际上已经成为发展出属于机器本身的学习方式,通过海量的信息和数据收集,让机器从这些信息中提炼出自己的抽象观念,例如,在浏览了上万张猫的图片之后,机器可以从这些图片信息中提炼出关于猫的概念。这个时候,很难判断机器自己抽象出来的猫的概念与人类自己理解的猫的概念之间是否存在着差别。

最关键的是，一旦机器提炼出属于自己的概念和观念之后，这些抽象的概念和观念将会成为机器自身的思考方式的基础，这些机器自己抽象出来的概念就会形成一种不依赖于人的思考模式网络。

当讨论打败李世石的 AlphaGo 时，我们已经看到了这种机器式思维的凌厉之处，这种机器学习的思维已经让通常意义上的围棋定势丧失了威力，从而让习惯于人类思维的棋手瞬间崩溃。一个不再像人一样思维的机器，或许对于人类来说，会带来更大的恐慌。毕竟，模拟人类大脑和思维的人工智能，尚具有一定的可控性，但基于机器思维的人工智能，我们显然不能作出上述简单的结论，因为，根据与人工智能对弈之后的棋手来说，甚至在多次复盘之后，他们仍然无法理解像 AlphaGo 这样的人工智能如何走出下一步棋。

不过，说智能增强技术是对人类的取代，似乎也言之尚早，至少第一个提出智能增强的工程师恩格尔巴特（Engelbart）并不这么认为。对于恩格尔巴特来说，麦卡锡和明斯基的方向旨在建立机器和人类的同质性，这种同质性思维模式的建立，反而与人类处于一种竞争关系之中，这就像《西部世界》中那些总是将自己当成人类的机器人一样，他们谋求与人类平起平坐的关系。智能增强技术的目的则完全不是这样，它更关心的是人与智能机器之间的互补性，如何利用智能机器来弥补人类思维上的不足。比如，自动驾驶技术就是一种典型的智能增强技术，自动驾驶技术的实现，不仅是在汽车上安装了自动驾驶的程序，更关键的是还需要采集大量的地图地貌信息，以及自动驾驶的程序能够在影像资料上判断一些移动的偶然性因素，如突然穿过马路的人。自动驾驶技术能够取代容易疲劳和分心的驾驶员，让人类从繁重的驾驶任务中解放出来。同样，在分拣快递、在汽车工厂里自动组装的机器人也属于智能增强类性质的智能，它们不关心如何更像人类，而是关心如何用自己的方式来解决问题。

由于智能增强技术带来了两种平面，一种是人类思维的平面，另一种是机器的平面，所以，两个平面之间也需要一个接口技术。接口技术让人与智能机器的沟通成为可能。当接口技术的主要开创者费尔森斯丁（Felsenstein）来到伯克利大学时，距离恩格尔巴特在那里讨论智能增强技术已经有十年之久。费尔森斯丁用犹太神话中的一个形象——土傀儡来形容今天的接口技术下人与智能机器的关系，与其说今天的人工智能在奇点临近时，旨在超越和取代人类，不如说今天的人工智能技术越来越倾向于以人类为中心的傀儡学，在这种观念的指引下，人工智能的发展目标并不是产生一种独立的意识，而是如何形成与人类交流的接口技术。

在这个意义上，我们可以从费尔森斯丁的傀儡学角度来重新理解人工智能与人的关系的伦理学。也就是说，人类与智能机器的关系，既不是纯粹的利用关系（因为人工智能已经不再是机器或软件),也不是对人的取代或成为人类主人的关系,而是一种共生性的伙伴关系。当苹果公司开发与人类交流的智能软件 Siri 时,乔布斯就提出 Siri 是人类与机器合作的一个最朴实、最优雅的模型。

以后,我们或许会看到,当一些国家逐渐陷入老龄化社会之后,无论是一线的生产,还是对这些因衰老而无法行动的老人的照料,或许都会面对这样的人与智能机器的接口技术问题,这是一种人与人工智能之间的新伦理学,他们将构成一种跨人类主义,或许,我们在这种景象中看到的不一定是伦理的灾难,而是一种新的希望。

## 2.2　人工智能的潜在危险：人机大战

我们从哪里来? 要到哪里去? 对于这个终极的哲学问题,科幻电影《异形：契约》给我们带来了深深的思索。这部片子里的生化人大卫(David)是当之无愧的主角。大卫是一个由人类创造的生化人,在大卫的心中,一开始人类是至高无上的。随着大卫的不断学习,他对人类的态度也发生了巨大的变化。我们看到大卫从完全服从到背叛人类的过程其实是他的知识体系不断完善、不断进化的过程。大卫是从"善"变到"恶"了吗? 其实,作为一个生化人,他不断接受人类的指令就是在不断完善。大卫通过不断探寻,觉得自己找到了生命的意义。他觉得自己解决了"我是谁""我从哪里来""我该到哪里去"的问题。在这个思想的驱使下,他开始了灭绝人类,灭绝人类创造者——工程师,以及创造异形的过程[3]。

人类创造的人工智能,是会成为人类忠实的助手,还是会反噬人类?《异形：契约》给了我们非常震撼的答案。

21 世纪是科技的时代,人类在人工智能、转基因技术、纳米技术、克隆等方面取得了极大的突破。这些新兴技术的崛起,在给人类带来更多福音和更广泛可能性的同时,也引起了前所未有的关于科技伦理道德的讨论和争议。如何让科技的发展更符合人类的伦理道德观念,是值得我们思考的问题。

人工智能技术诞生于 20 世纪 50 年代,经过六十多年的发展,人工智能已经从简单的智能设计发展到如今的企图制造出接近甚至超过人类智能的机器。同时,一系列的伦理道德问题也应运而生。我们应该如何理性看待这些问题? 如何使人工智能向更有利于人类的方向发展?

国外对人工智能的研究比较早,与之相关的思考也有很多。美国的阿西莫夫(Isaac Asimov)提出了著名的"机器人三大定律",这个定律成为如今人工智能界默认的研发法则。英国的安德鲁在 *Artificial Intelligence* 一书中对人工智能进行了分类，而美国的芒福德(Mumford)在 *The Myth of the Machine* 中对自动机器的应用提出了强烈的批评。

相应地，国内对人工智能的研究起步较晚。改革开放之后，我国对人工智能的研究才逐步活跃起来，与之相关的论文也处于不断丰富的状态，其中比较有代表性的有陈立鹏的《人工智能引发的科学技术伦理问题》、谭薇的《机器人的伦理抉择》、王晓楠的《机器人技术发展中的矛盾问题研究》等。这些文章均对由人工智能引发的伦理道德问题进行了深入的讨论。

科技伦理是指在科学技术活动中人与社会、人与自然和人与人关系的思想与行为准则，它规定了科技工作者及其共同体的价值观念、社会责任和行为规范。刘大椿在《科技伦理：在真与善之间》中指出，科学活动的基本伦理原则是客观公正性和公众利益优先性。科学的社会规范是科学建制与整个社会的契约，它使科学技术得以在符合伦理道德的前提下蓬勃发展。

人工智能的强大之处，在于它可以通过不断的"自我学习"来逐步提升自己的技能，并且，机器的"大脑容量"和"学习速度"都是人类无法企及的。可以预见，人工智能在某一方面超过人类智能只是时间问题。人工智能的强大之处，正是让人恐慌之处。根据达尔文的《进化论》，一个细胞经过千千万万年的发展、进化和自然选择，形成了如今的人类。那么，一个人工智能程序是否会经过学习从而进化成一种可以取代人类的"物种"呢？

这种潜在的可能性早已不是什么新鲜事。早在 1942 年，阿西莫夫针对这个问题提出了著名的"机器人三大定律"。

(1) 第一法则：机器人不得伤害人类，或坐视人类受到伤害；

(2) 第二法则：除非违背第一法则，机器人必须服从人类的命令；

(3) 第三法则：在不违背第一及第二法则的前提下，机器人必须保护自己。

这是人类在人工智能方面筑起的第一道伦理道德之墙。于是，问题转化成了如何将这些伦理道德灌输给机器人。难点在于，对于伦理道德，即使是人类也没有一个明确的界限。例如，如果公平和生命至上同时作为伦理准则，那么面对前方道路上玩耍的五名儿童和另一条废弃道路上玩耍的一名儿童，火车控制者应该选择哪一条道路行驶？这样一个连人类也无法得到统一答案的问题，人工智能又应该如何应对呢？做出合乎伦理道德的选择，需要根据实际情况并结合大量的"学习积累"（人类称之为经验）决定。

但是，如果人工智能在学习中，因为一个偶然的错误而接受了错误的观念，那么这

人工智能的伦理道德

种错误的观念是否会颠覆机器原来的理念？首先，这样的错误是有可能存在的，正如人类的每一个细胞都有可能发生基因突变一样，计算机病毒的存在很大程度上提高了这种错误出现的概率。其次，原本的正确理念是很有可能被颠覆的，正如人类对"老人摔倒该不该扶"问题的答案产生动摇一样。

给人工智能筑起一道更加稳固的伦理道德之墙，需要广大的科技工作者及其共同体制定更加具体详细的伦理道德规范，编写出拥有"自我辨别能力"并能够筛选出正确的学习数据的程序植入机器中。同时，广大公民也要对人工智能有一个正确的认识，只要理智地看待，相信伦理道德的真善美最终会成为人工智能不可动摇的基本准则。

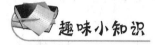

趣味小知识

## 案例分析：围棋人机大战与人类危机

2016 年 3 月，由谷歌开发的 AlphaGo 程序以 4：1 的成绩战胜国际围棋冠军李世石，关于人工智能的话题席卷全球。在人工智能引起热议的同时，潜在的恐慌和危机感也悄然而生。AlphaGo 程序使用神经网络的算法，通过输入几千局人类优秀对局、自身的"对战"和与其他同类程序比赛等方式进行"自我学习"，从而进一步提高自身的"棋技"，最终达到超一流职业棋手的水平。而围棋，其棋盘上有 $19 \times 19 = 361$ 个点，每个点都有黑、白、空三种情况，合法的棋局数高达 3 的 361 次方种，这巨大的可能性使围棋曾经是人工智能界面临的一座高山。如今，这座高山已经被翻越，同时也意味着人工智能技术又到达了一个新的高度。谷歌董事长施密特在赛前发布会上表示，无论输赢都是人类的胜利。因为是人类创造了人工智能并且让它达到了一个新的高度，人工智能是人类智慧的一种体现。

# 2.3　人工智能的潜在危险：军用化

现代战争，战情复杂，场面残酷，对作战人员的素质提出越来越高的要求。然而，人的作战效能，往往受到生理和心理极限的影响。而由机器人为主导的无人作战平台，可以超越人类的极限，可以承担危险性高、难度大、持续时间长的作战任务。更为重要的是,对于战争中最昂贵的牺牲品——人类——来说,可以大大减少伤亡,所以各国在军用机器人方面都在持续投入研究[4]。

为了在新一轮军用机器人竞赛中占得先机,欧洲各国采取联合研发战略,其中的典型作品便是由法国领头,希腊、意大利、西班牙、瑞典和瑞士等国合作研发的神经元无人战斗机。神经元无人机采用了飞翼式设计,具有隐身性能突出、智能化程度高、对地攻击方式多样等特点,可以在不接受任何指令的情况下独立完成飞行,并在复杂飞行环境中进行自我校正。该无人机综合运用了自动容错、神经网络、人工智能等先进技术,具有自动捕获和自主识别目标的能力,并解决了编队控制、信息融合、无人机之间的数据通信以及战术决策与火力协同等问题,是一种可以在无人实时操作条件下执行观察打击一体化任务的高科技装备。现代军用机器人因具有强大的功能,在现代战争中显示出了突出的优势,受到了世界各国的青睐。军用机器人的研发也产生了一些伦理问题,集中体现在军用机器人的伦理设计和责任问题。

军用机器人具有非常明显的优势,它具有极高的智能,更全面的作战能力和更强的战场生存能力,可以代替士兵完成危险的军事任务,减少人员伤亡。在和平时代,军用机器人的决策,通常由人类来决定。同时我们可以预测的是,在战争中,需要做出决定的事件每时每刻都存在,人类无法代替机器人做出所有的决定。因此,机器人进行自主决策会成为必然,如机器人可以决定是否向"目标"开火。围绕这个问题的议论也越来越多。

首先,机器人如何判断其面对的"目标",是己方士兵、敌方士兵、平民,还是平民中的间谍?如果判断错误,就有可能导致机器人滥杀无辜。其次,从战争伦理方面看,绝大部分人不喜欢杀戮和战争,在战场上表现出向善的一面。但是,机器人是不存在"人之初,性本善"这样的心理的,它不具有恐惧感,自然也不会有同情心,不会对目标手下留情,甚至不知疲倦。因此,具有强大破坏力的军用机器人很有可能成为战场上的"冷血杀手"。

另外,潜在的更加可怕的危险是机器人极可能被恐怖分子利用,发展为"机器人恐怖主义",这种每时每刻都可能存在的危险比未来战场上的危险更加令人恐惧。

机器人杀人,谁应该承担责任?是机器人本身,还是机器人的设计者?受到惩罚的又应该是谁?机器人本身是一台没有感知的机器,对于它的杀人行为,我们可以理解为机器出现的问题。对于一台存在问题的机器,我们第一反应不是像对待孩子犯错一样,对它进行打骂,而是想办法找出问题的成因并进行修理,因为,机器人本身无法接受我们所认同的惩罚。对机器人设计者、系统程序员或者军队指挥官进行惩罚更是不合理的。

责任应该如何分担的问题,需要社会进行更加系统全面深入的研究,制定可行的责任承担机制,具体问题具体分析,从而得出更加恰当的答案。可以预见,因机器人犯错而带来的责任,应该由机器人、机器人控制者、机器人设计者、系统程序员共同承担。如何规范军用机器人在现代战争中的使用,则需要世界各国共同制定一份公平、合理的法则,把机器人在战场上可能造成的错误影响降到最小。有英国专家称,20 年内"自动杀人机器"技术将可能被广泛应用。对此,不少人感到忧虑:对于这些军事机器,人类真的能完全掌控它们吗?

# 2.4 机器人与情感依赖

前段时间,网络上有一篇很搞笑的文章"买了个扫地机器人,不仅人工智障,还是戏精",各位机主在不断吐槽扫地机器人的"智障"行为时,更透露出这个"人工智障"在家庭中类似家庭成员的地位,有些机主把这个机器当成了宠物来"养"。评论中除了有同情机主的,还有很多人动了心准备买一台回来"养"。扫地机器人逐渐走进普通人的家庭,反映了社会型机器人的普及。

随着人工智能技术的发展,社会型机器人已经逐渐渗透到我们生活中,如真空吸尘器、宠物机器人、机器人娃娃、护理机器人等,它们的出现给人类的生活带来了极大的便利。可以预测,在未来,服务型机器人将与计算机及互联网一样,成为人类生活中必不可少的一部分。而这便涉及人和机器人之间的情感问题。

人类在和这些机器人接触的时候会发生什么?这本身就是一个值得深思的问题。服务型机器人有着人类的社交技巧,可以和人类进行交流与互动,甚至可以理解我们。长期和机器人相处,人类很有可能对这些机器人产生情感依赖,对机器人的情感依赖带来的副作用,可能会比如今对手机、计算机依赖带来的副作用严重得多。一个在机器人保姆陪伴下长大的孩子,会不会像"狼孩"一样,无法和正常的人类交流?虽然这只是一种极端的假设,但是机器人依赖带来的心理问题却不容忽视。

人和机器人的社交最大的一个特点是单向性,即只有人类对机器人产生情感而机器人不会对人类产生情感。社会机器人的拟人化,使人类在和它相处的过程中,潜意识地赋予它人类的情感,甚至在心理上产生一种信念:机器人拥有人类的感情状态。人类的情感大多数是在不知不觉中产生的,过一段时间之后才发现已经习惯的事实,这就很难让人类意识到这种情感只是单向的。这种对机器人的情感很容易导致"机器人犯罪",即通过控制机器人,从而向它们的主人灌输某种观念,使他们购买商品甚至进行违法行为。机器人没有内疚的情感,自然不可能像人类一样因为内疚而停止某些行为,所以说,机器人一旦被不法分子控制,其后果是难以想象的。

情感依赖还可能导致人与机器人相爱。爱上机器人甚至和机器人结婚不仅在社会伦理道德上很难被接受,而且在法律上也没有被定义和许可。但这些都不能改变存在这种可能性的事实,人类应该如何看待这样的事情,或者说,人类应该制止这些事情发生吗?现在没有人可以给出一个明确的答案。

在人机交互日益频繁的社会,我们需要明确的一点是,无论人工智能如何深入,都只能作为提高人类生活幸福感的工具存在。如何能在以人类为中心的社会中,保持自身人格的独立和完整性,如何给予机器人一个明确的界限,让它可以拥有自己的"人生准则",可能是未来人工智能技术发展中更值得深思的问题。

## 2.5 人工智能伦理委员会的责任

对于人工智能,人类应该对其工作原理有一定的了解,不要在毫不知情的情况下盲目相信"人工智能最后将取代人类"这种片面且极端的说法。人工智能是人类智慧的结晶,在一定程度上可以减轻人类的工作负担,对社会发展起积极作用。目前,人工智能及与之相关的产品主要应用于模式化的思维领域,使人类从繁琐的思维任务中解脱出来,集中精力于需要深度思考的领域[5]。

正如每一枚硬币都有正反两面一样,人工智能既可以给人类带来福音,也可以毁灭人类。但是,人类不能因为其中有潜在的危险而停止研究人工智能,而应该引导人工智能技术向有利于人类和社会进步的方向发展,向符合科学伦理道德的方向发展。

从法律层面来说,世界各国应该联合制定关于人工智能的准则规范,并在其应用领域进行相应的道德约束。各国在此法律的基础上,制定符合本国国情的人工智能发展方略,尝试将伦理道德作为人工智能行业的特殊法律约束,将人工智能可能带来的法律问题进行独立的约束和处理,用法律规范人工智能的发展。

谷歌旗下 Deep Mind 公司(研究 AlphaGo 的公司)的创始人之一谢恩·赖格(Shane Legg)指出,人工智能机器人是本世纪人类的头号威胁者。谷歌率先成立了人工智能伦理委员会,对机器人进行技术监管,确保人工智能机器人技术不被滥用,避免未来发生机器人灭绝人类的惨剧。2016 年,科技巨头亚马逊、微软、谷歌、IBM 和Facebook 联合成立了一家非营利性的人工智能合作组织(Partnership on AI),以解决人工智能的伦理问题。

*人工智能的伦理道德*

联合国教科文组织与世界科学知识与技术伦理委员会在 2016 年联合发布了关于机器人伦理的初步草案报告,草案讨论了机器人的制造和使用,促进了人工智能的进步,以及这些进步所带来的社会与伦理道德问题。

从另一个方面来看,每一个从事人工智能方面研究的科技工作者,都应该始终把人类的利益放在首位,具有强烈的社会道德责任意识,不断学习和提高自己的伦理道德素养,提高自己的研发能力,编写出可以让机器人的行为更加符合伦理道德的程序,掌握好人工智能技术的方向盘,将人工智能技术带向科学伦理道德的真善美中去。

目前的人工智能技术虽然发展很快,但是依然存在着很多理论和技术上的问题,这些问题最终会在科学技术的不断向前发展中被解决,人工智能的真正实现也将成为可能。对于人工智能技术所引发的伦理道德问题,人工智能领域方面的专家和学者们可以团结合作,深入思考和分析,制订相应的应对策略,让人工智能技术在提升人类幸福感的星光大道上走得更远。

# 参 考 文 献

[1] 艾辉,谢康灵,谢百治.谈人工智能[J].中国医学教育技术,2004(2):78-80.
[2] 钟义信.人工智能理论:从分立到统一的奥秘[J].北京邮电大学学报,2006,29(3):1-6.
[3] 李世闻.人工智能系统:弗朗肯斯坦的怪物?[J].南京林业大学学报(人文社会科学版),2001(1):11-16.
[4] 李德毅.网络时代人工智能研究与发展[J].智能系统学报,2009,4(1):1-6.
[5] 班晓娟,王昭顺,刘宏伟,等.人工智能与人工生命[J].计算机工程与应用,2002,38(15):1-3.

# 第3章 人工智能的工业化进程

回顾此前的三次工业革命,机械工业革命、电力工业革命和信息工业革命,每次工业革命都有新的技术产生,都要解决三大问题,一是新的生产力问题;二是自动化问题;三是协同和共享问题。相应地,人工智能的工业化进程可以分为以下三个阶段[1]。

(1) 基础架构构建阶段。主要是为了实现人工智能、大数据和云计算三位一体的融合。在技术上,满足算力、算法和数据融合的要求,核心是解决技术上的问题,目前这个阶段已基本完成。

(2) 产业化阶段。从 2019 年开始到 2025 年,人工智能自身要大规模地走向产业化,人工智能将要经历工业化的过程,核心是要解决规模化应用的问题。

(3) 全面人工智能阶段。2025 年之后,一旦人工智能工业化进程完成,整个产业将全面进入人工智能时代,并将极大提升生产效率和财富的创造。

## 3.1 发展与历程

**1. 萌芽阶段**

1956 年以前,英国数学家图灵为人工智能做了开拓性的贡献。图灵机的出现是人工智能乃至整个计算机科学发展进入新阶段的标志。1961 年以后,人工智能的内容主要涉及知识工程、自然语言理解等。人们研究人工智能方法也分为结构模拟派和功能模拟派,分别从脑的结构和脑的功能入手研究。

**2. 成长阶段**

20 世纪 80 年代,人工智能的研究进入成长阶段。1984 年,阿斯托姆(Astrom)明确提出建立专家控制的新概念,专家系统是一种具有特定领域内大量知识与经验的程序系统,其水平可以达到甚至超过人类专家的水平。专家控制系统是目前人工智能中最活跃最有效的一个研究领域,可分为解释型、诊断型等类型。1986 年,蔡自兴提出把人工智能、控制论、信息论和运筹学结合起来,用于构造不同领域的智能控制系统,有效地促进专家系统进一步发展。与此同时,人工神经网络的研究也因为人工智能的发展再度掀起热潮,对于模糊理论,以及其他分支也都开始迅速开展研究。这些标志着智能控制已从研制开发阶段转向应用阶段。

### 3. 快速发展阶段

20 世纪 80 年代末,人工智能开始逐步向多技术、多方法的综合集成与多学科、多领域的综合应用型发展,人工智能进入了快速发展阶段。人工智能既然是多个自然科学和社会科学交叉的结晶,那么每一个学科的研究成果都可以成为另外一个学科的研究基础或辅助手段。可以预见,作为创新思想的源泉,学科交叉将催生更多的研究成果,学科交叉也必将孕育人工智能未来的大突破。对于人工智能学科整体而言,要有所突破,需要多个学科合作协同,在交叉学科研究中实现创新。

## 3.2 产业现状与影响

艾瑞咨询集团发布《2015 年中国人工智能应用市场研究报告》,从"发展现状""应用现状""发展前景及市场机会"三方面对目前国内人工智能应用市场做出分析判断,并对未来国内外人工智能市场的发展做出预测[2]。报告透露,以百度、阿里巴巴和腾讯为首的互联网巨头已在人工智能领域布局,同时,上百家创业企业开始渗透并构架起产业基础层、技术层、应用层,形成产业链模型。从产业链的现状,主要可以分为以下 9 个方面。

### 1. 制造

随着工业制造 4.0 时代的推进,传统制造业对人工智能的需求开始爆发,众多提供智能工业解决方案的企业应势而生,例如智航无人机、祈飞科技等。如图 3-1 所示,人工智能在制造业的应用主要有三个方面。首先是智能装备,包括自动识别设备、人机交互系统、工业机器人以及数控机床等具体设备;其次是智能工厂,包括智能设计、智能生产、智能管理以及集成优化等具体内容;最后是智能服务,包括大规模个性化定制、远程运维以及预测性维护等具体服务模式。虽然目前人工智能的解决方案尚不能完全满足制造业的要求,但作为一项通用性技术,人工智能与制造业融合是大势所趋。

图 3-1　工业制造 4.0

## 2. 家居

如图 3-2 所示,智能家居主要是基于物联网技术,通过智能硬件、软件系统、云计算平台构成一套完整的家居生态圈。用户可以远程控制设备,设备间可以互联互通,并进行自我学习等来整体优化家居环境的安全性、节能性、便捷性等。值得一提的是,近两年随着智能语音技术的发展,智能音箱成为一个爆发点。小米、天猫、Rokid 等企业纷纷推出自己的智能音箱,不仅成功打开家居市场,也为未来更多的智能家居用品培养了用户习惯。但目前家居市场智能产品种类繁杂,如何打通这些产品之间的沟通壁垒,以及建立安全可靠的智能家居服务环境,是该行业下一步的发力点。

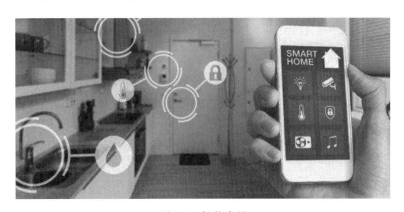

图 3-2　智能家居

人工智能的工业化进程

### 3. 金融

人工智能在金融领域的应用主要包括智能获客、身份识别、大数据风控、智能投顾、智能客服、金融云等，该行业也是人工智能渗透最早、最全面的行业。未来人工智能也将持续带动金融行业的智能应用升级和效率提升。例如，第四范式开发的一套AI系统，如图3-3所示，可以精确判断一个客户的资产配置，做清晰的风险评估，以及智能推荐产品给客户。很多金融行业的应用，都可以作为人工智能在其他行业落地的典型案例。

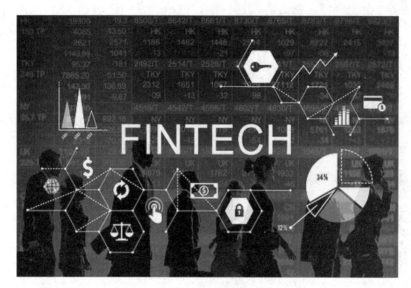

图 3-3　智慧金融

### 4. 零售

人工智能在零售领域的应用已经十分广泛，无人超市、智慧供应链、客流统计、无人仓、无人车等都是热门方向（如图3-4所示）。京东自主研发的无人仓采用大量智能物流机器人进行协同与配合，通过人工智能、深度学习、图像智能识别、大数据应用等技术，让工业机器人可以进行自主判断，完成各种复杂的任务，在商品分拣、运输、出库等环节实现自动化。图普科技则将人工智能技术应用于客流统计，通过人脸识别完成客流统计功能，门店可以从性别、年龄、表情、新老顾客、滞留时长等维度建立到店客流用户画像，为调整运营策略提供数据基础，帮助门店运营从匹配真实到店客流的角度提升转换率。

### 5. 交通

智能交通系统（Intelligent Traffic System，ITS）是通信、信息和控制技术在交通

图 3-4　无人超市

系统中集成应用的产物,如图 3-5 所示。ITS 应用最广泛的是日本,其次是美国、欧洲等。目前,我国在 ITS 方面的应用主要是通过对交通中的车辆流量、行车速度进行采集和分析,可以对交通进行实施监控和调度,有效提高通行能力、简化交通管理、降低环境污染等。

图 3-5　智能交通

### 6. 安防

安防领域涉及的范围较广,小到关系个人、家庭,大到跟社区、城市、国家安全息息相关。智能安防也是国家在城市智能化建设中投入比重较大的项目,根据赛迪顾问 2020 年的数据显示:未来三年,智能安防市场将会迅速增长,截至 2021 年底,我国智能安防市场规模可达 4000 亿元。目前智能安防类产品主要有四类,分别是人体分析、车辆分析、行为分析、图像分析(如图 3-6 所示)。智能安防行业现在主要还是受到硬件计算资源的限制,只能运行相对简单的、对实时性要求很高的算法,随着后端智能分析根据需求匹配足够强大的硬件资源,也能运行更复杂的、允许有一定延时的算法。这两种方式还将长期共存。

图 3-6　智能安防

### 7. 医疗

目前,垂直领域的图像算法和自然语言处理技术已可基本满足医疗行业的需求,市场上出现了众多技术服务商,例如提供智能医学影像技术的德尚韵兴,研发人工智能细胞识别医学诊断系统的智微信科,提供智能辅助诊断服务平台的若水医疗,统计及处理医疗数据的易通天下等。尽管智能医疗在辅助诊疗、疾病预测、医疗影像辅助诊断、药物开发等方面发挥重要作用,但由于各医院之间医学影像数据、电子病历等不流通,导致出现了企业与医院之间合作不透明等问题,使得技术发展与数据供给之间存在矛盾。

### 8. 教育

科大讯飞、义学教育等企业早已开始探索人工智能在教育领域的应用。通过图像识别,可以进行机器批改试卷、识题答题等;通过语音识别可以纠正、改进发音;而人机交互可以进行在线答疑解惑等。人工智能和教育的结合一定程度上可以改善教育行业师资分布不均衡、费用高昂等问题,从工具层面给师生提供更有效的学习方式,但目前还不能对教育内容产生较多实质性的影响。

### 9. 物流

物流行业通过利用智能搜索、推理规划、计算机视觉以及智能机器人等技术在运输、仓储、配送装卸等流程上已经进行了自动化改造，基本能够实现无人操作。比如利用大数据对商品进行智能配送规划，优化配置物流供给、需求匹配、物流资源等。目前物流行业大部分人力分布在"最后一公里"的配送环节，京东、苏宁、菜鸟争先研发无人车、无人机，如图3-7所示，力求抢占市场先机。

图 3-7  智慧物流

## 3.3  人工智能的主要技术

当前，人工智能已经逐渐发展成一个庞大的工业技术体系，在人工智能领域，它普遍包含了机器学习、深度学习、人机交互、自然语言、机器视觉等多个领域的技术，下面对人工智能中这些关键技术进行介绍。

### 3.3.1  机器学习

机器学习（Machine Learning）是一门涉及统计学、系统辨识、逼近理论、神经网络、优化理论、计算机科学、脑科学等诸多领域的交叉学科，研究计算机怎样模拟或实现人类的学习行为，以获取新的知识或技能。重新组织已有的知识结构使之不断改善自身的性能，是人工智能技术的核心。基于数据的机器学习是现代智能技术中的重要方法之一，研究从观测数据（样本）出发寻找规律，利用这些规律对未来数据或无法观测的数据进行预测。根据学习模式、学习方法以及算法的不同,机器学习存在不同的分类方法。

**1. 根据学习模式分类**

根据学习模式的不同,可以将机器学习分类为监督学习、无监督学习和强化学习等。

(1) 监督学习是利用已标记的有限训练数据集,通过某种学习策略或者方法建立一个模型,实现对新数据、标记进行分类或者映射,最典型的监督学习算法包括回归和分类。监督学习要求训练样本的分类标签已知。分类标签精确度越高,样本越具有代表性,学习模型的准确度越高。监督学习在自然语言处理、信息检索、文本挖掘、手写体辨识、垃圾邮件侦测等领域获得了广泛应用。

(2) 无监督学习是利用无标记的有限数据描述隐藏在未标记数据中的结构或者规律。最典型的非监督学习算法包括单类密度估计、单类数据降维、聚类等。无监督学习不需要训练样本和人工标注数据,便于压缩数据存储、减少计算量、提升算法速度,还可以避免正、负样本偏移引起的分类错误问题。主要用于经济预测、异常检测、数据挖掘、图像处理、模式识别等领域,例如组织大型计算机集群、社交网络分析、市场分割、天文数据分析等。

(3) 强化学习是智能系统从环境到行为映射的学习,以使强化信号函数值最大。由于外部环境提供的信息很少,强化学习系统必须靠自身的经历进行学习。强化学习的目标是学习从环境状态到行为的映射,使得智能体选择的行为能够获得环境最大的奖赏,使得外部环境对学习系统在某种意义下的评价为最佳。其在机器人控制、无人驾驶、下棋、工业控制等领域获得成功应用。

**2. 根据学习方法分类**

根据学习方法可以将机器学习分为传统机器学习、深度学习、迁移学习、主动学习等。

(1) 传统机器学习从一些观测(训练)样本出发,试图发现不能通过原理分析获得的规律,实现对未来数据行为或趋势的准确预测。相关算法包括逻辑回归法、隐马尔可夫方法、支持向量机方法、$K$-近邻方法、三层人工神经网络方法、Adaboost算法、贝叶斯方法以及决策树方法等。传统机器学习平衡了学习结果的有效性与学习模型的可解释性,为解决有限样本的学习问题提供了一种框架,主要用于有限样本情况下的模式分类、回归分析、概率密度估计等。传统机器学习方法共同的重要理论基础之一是统计学,在自然语言处理、语音识别、图像识别、信息检索和生物信息等许多计算机领域获得了广泛应用。

（2）深度学习是建立深层结构模型的学习方法,典型的深度学习算法包括深度置信网络、卷积神经网络、受限玻尔兹曼机和循环神经网络等。深度学习又称为深度神经网络(指层数超过3层的神经网络),深度学习作为机器学习研究中的一个新兴领域,由 Hinton 等于2006年提出[3]。深度学习源于多层神经网络,其实质是给出了一种将特征表示和学习合二为一的方式。深度学习的特点是放弃了可解释性,单纯追求学习的有效性。经过多年的摸索尝试和研究,已经产生了诸多深度神经网络的模型,其中卷积神经网络、循环神经网络是两类典型的模型。卷积神经网络常被应用于空间性分布数据;循环神经网络在神经网络中引入了记忆和反馈,常被应用于时间性分布数据。深度学习框架是进行深度学习的基础底层框架,一般包含主流的神经网络算法模型,提供稳定的深度学习应用程序编程接口(Application Programming Interface,API),支持训练模型在服务器和 GPU、TPU 间的分布式学习,部分框架还具备在包括移动设备、云平台在内的多种平台上运行的移植能力,从而为深度学习算法带来前所未有的运行速度和实用性。目前主流的开源算法框架有 TensorFlow、Caffe/Caffe2、CNTK、MXNet、PaddlePaddle、Torch/PyTorch、Theano 等。考虑到深度学习的重要性也是当今的热点之一,我们将在下节详细介绍深度学习技术。

（3）迁移学习是指当在某些领域无法取得足够多的数据进行模型训练时,利用另一领域数据获得的关系进行的学习。迁移学习可以把已训练好的模型参数迁移到新的模型中,并指导新模型训练,可以更有效地学习底层规则、减少训练数据量。目前的迁移学习技术主要在变量有限的小规模应用中使用,如基于传感器网络的定位、文字分类和图像分类等。未来迁移学习将被广泛应用于解决更有挑战性的问题,如视频分类、社交网络分析、逻辑推理等。

（4）主动学习通过一定的算法查询最有用的未标记样本,并交由专家进行标记,然后用查询到的样本训练分类模型来提高模型的精度。主动学习能够选择性地获取知识,通过较少的训练样本获得高性能的模型,最常用的策略是通过不确定性准则和差异性准则选取有效的样本。

（5）演化学习对优化问题性质要求极少,只需能够评估解的好坏即可,适用于求解复杂的优化问题,也能直接用于多目标优化。演化算法包括粒子群优化算法、多目标演化算法等。目前针对演化学习的研究主要集中在演化数据聚类、对演化数据更有效的分类,以及提供某种自适应机制以确定演化机制的影响等。

第3章

人工智能的工业化进程

### 3.3.2 深度学习

本节重点讲解深度学习技术。深度学习是机器学习研究中的一个新领域,其目的在于建立、模拟人脑进行分析学习的神经网络,它模仿人脑的机制来解释数据,例如图像、声音和文本。同机器学习方法一样,深度机器学习方法也有监督学习与无监督学习之分。不同的学习框架下建立的学习模型很是不同。例如,卷积神经网络(Convolutional Neural Networks,CNN)[4]就是一种深度的监督学习下的机器学习模型,而深度置信网(Deep Belief Nets,DBN)[5]就是一种无监督学习下的机器学习模型。

深度学习的概念源于对人工神经网络的研究,含多隐藏层的多层感知器就是一种深度学习结构。深度学习通过组合低层特征形成更加抽象的高层表示属性类别或特征,以发现数据的分布式特征表示。深度学习的概念由 Hinton 等于 2006 年提出,基于 DBN 提出非监督贪心逐层训练算法,为解决深层结构相关的优化难题带来希望,随后提出多层自动编码器深层结构。此外 Lecun 等提出的卷积神经网络是第一个真正多层结构学习算法,它利用空间相对关系减少参数数目以提高训练性能。但是,这两个神经网络也只能是形似的模仿人类的大脑而已,其中有 3 个方向的仿生学模拟。

(1)人脑神经网络的一个神经元会动态随机地同其他的神经元建立联系,这种随机性建立的神经元的连接可能也就是为什么我们有时可以想起一件事情,但有时又会忘记某件事情,当然很有可能在某个时刻,你又不经意地想起了它。

(2)人脑神经网络和计算机神经网络的不同在于,人脑可以解决通用性和跨领域的问题,而计算机神经网络只能解专门的问题,所以哪怕 AlphaGo 在围棋界孤独求败战胜了人类,但它也不能识别出站在它面前的两个女生谁更漂亮。

(3)计算机的神经网络需要大量的数据才能训练出一项基本的技能,而人类的思维具有高度的抽象。所以计算机看过成千上万只猫的图片才能识别出什么是猫,而一个小孩看两三次猫,就有同样的本领。

**1. 基础概念与基本特征**

深度学习与浅层学习在学习目标、知识呈现方式、学习者的学习状态和学习结果的迁移等方面都有明显的差异。其特点主要表现在以下 4 个方面。

(1)深度学习注重对知识学习的批判理解。深度学习是一种基于理解的学习,强调学习者批判性地学习新知识和思想,要求学习者对任何学习材料保持一种批判或怀疑的态度,批判性地看待新知识并深入思考,并把它们纳入原有的认知结构中,在各种观点之间建立多元连接;要求学习者在理解事物的基础上善于质疑辨析,在质疑辨析中加深对深层知识和复杂概念的理解。

(2)深度学习强调学习内容的有机整合。学习内容的整合包括内容本身的整合和学习过程的整合。其中内容本身的整合是指多种知识和信息间的连接,包括多学科知识融合及新旧知识联系。深度学习提倡将新概念与已知概念和原理联系起来,整合到原有的认知结构中,从而引起对新的知识信息的理解、长期保持及迁移应用。学习过程的整合是指形成内容整合的认知策略和元认知策略,使其存储在长时记忆中,如利用图表、概念图等方式利于梳理新旧知识之间的联系。而浅层学习只将知识看成是孤立的、无联系的单元来接受和记忆,不能促进对知识的理解和长期保持。

(3)深度学习着重学习过程的建构反思。建构反思是指学习者在知识整合的基础上通过新、旧经验的双向相互作用实现知识的同化和顺应,调整原有认知结构,并对建构产生的结果进行审视、分析、调整的过程。这不仅要求学习者主动地对新知识作出理解和判断,运用原有的知识经验对新概念(原理)或问题进行分析、鉴别、评价,形成自我对知识的理解,建构新知序列,而且还需要不断对自我建构的结果审视反思、吐故纳新,形成对学习积极主动的检查、评价、调控、改造。可以说,建构反思是深度学习和浅层学习的本质区别。

(4)深度学习重视学习的迁移运用和问题解决。深度学习要求学习者对学习情境的深入理解,对关键要素的判断和把握,在相似情境能够做到举一反三,也能在新情境中分析判断差异并将原则思路迁移运用。如不能将知识运用到新情境中来解决问题,那么学习者的学习就只是简单的复制、机械的记忆、肤浅的理解,仍停留在浅层学习的水平上。深度学习的另一个重要目标是创造性地解决现实问题。一般来说,现实的问题不是那种套用规则和方法就能够解决的良构领域(well-structured domain)的问题,而是结构分散、规则冗杂的劣构领域(ill-structured domain)的问题。要解决这种劣构领域的问题不仅需要我们掌握原理及其适合的场域,还要求我们能运用原理分析问题并创造性地解决问题。

**2. 从传统机器学习到深度学习**

传统机器学习和信号处理技术探索仅含单层非线性变换的浅层学习结构。浅层模型的一个共性是仅含单个将原始输入信号转换到特定问题空间特征的简单结构。典型的浅层学习结构[6]包括传统隐马尔可夫模型(Hidden Markov Model,HMM)、条件随机场(Conditional Random Field,CRF)、最大熵模型(Maximum Entropy model,MaxEnt)、支持向量机(Support Vector Machine,SVM)、核回归及仅含单隐层的多层感知器(MultiLayer Perceptron,MLP)等。例如,SVM用包含一层(使用核技巧)或者零个特征转换层的浅层模式分离模型（最近已有将核方法与深度学习结合的新方法[7-9]）。浅层结构的局限性在于有限的样本和计算单元情况下对复杂函数的表示能力有限，针对复杂分类问题其泛化能力受到一定制约。

神经科学研究表明，人的视觉系统的信息处理是分级的。人类感知系统这种明确的层次结构极大地降低了视觉系统处理的数据量，并保留了物体有用的结构信息。有理由相信，对于具有潜在复杂结构规则的自然图像、视频、语音和音乐等结构丰富的数据，深度学习能够获取其本质特征。受大脑结构分层次启发，神经网络研究人员一直致力于多层神经网络的研究。

历史上，深层学习的概念起源于神经网络的研究。带有多隐藏层的前馈神经网络或者多层感知器通常被称为深层神经网络（Deep Neural Networks，DNN），DNN 就是深层构架的一个很好的例子。BP 算法作为传统训练多层网络的典型算法，实际上对于仅含几层网络的模型，该训练方法就已很不理想[6-7]。在学习中，一个主要的困难源于深度网络的非凸目标函数的局部极小点普遍存在。反向传播是基于局部梯度下降，通常随机选取初始点。使用批处理 BP 算法通常会陷入局部极小点，而且随着网络深度的增加，这种现象更加严重。此原因在一定程度上阻碍了深度学习的发展，并将大多数机器学习和信号处理研究从神经网络转移到相对较容易训练的浅层学习结构。

经验上，有 3 种技术可以处理深层模型的优化问题，即大量的隐藏单元、更好的学习算法以及更好的参数初始化技术。使用带有大量神经元的 DNN 可以大大提高建模能力。由于使用带有大量神经元的 DNN 得到较差局部最优值的可能性要小于使用少量神经元的网络，即使参数学习陷入局部最优，DNN 仍然可以很好地执行。但是，在训练过程中使用深而广的神经网络，对计算能力的要求很高。更好的算法也有助于 DNN 的训练。例如，现在已经用随机 BP 算法代替了批处理 BP 算法来训练 DNN。部分原因是，当训练是单学习器在大训练集上进行时，随机梯度下降（Stochastic Gradient Descent，SGD）算法是最有效的算法[9]。但更重要的是 SGD 算法可以经常跳出局部最优。其他算法，如 Hessian free[10] 或 Krylov 子空间方法[11] 也有类似的能力。很明显，对于高度非凸的 DNN 学习的优化问题，更好的参数初始化技术可以得到更好的模型。然而，如何高效地初始化 DNN 的参数却不是很容易的事情。最近，学者们给出了很好的结果[11-14]，最著名的 DNN 参数初始化技术就是基于无监督预训练技术提出的[3]。在上述文章中，引入深层贝叶斯概率生成模型——深度置信网络（Deep Belief Network，DBN）。为了学习 DBN 中的参数，提出非监督贪心逐层训练算法，算法把 DBN 中的每两层作为一个限制玻耳兹曼机（Restricted

Boltzmann Machine,RBM)。这使得优化 DBN 参数的计算复杂度随着网络的深度呈线性增长。DBN 参数可以直接用作 MLP 或 DNN 参数,在训练集较小的时候,可以得到比随机初始化的有监督 BP 训练要好的 MLP 或 DNN。带有无监督预训练,通过反向微调(fine-tuning)的 DNN 有时候也被称作 DBN[15-17]。最近,研究人员开始区分 DNN 和 DBN[18-20],当 DBN 用于初始化一个 DNN 的参数,由此产生的网络称为 DBN-DNN[21]。

DBN 预训练过程不是唯一有效的 DNN 初始化方法。一种效果同样好的无监督方法是通过把每两层作为一个去噪自动编码器来逐层预训练 DNNs[22-23]。另一种方法是用收缩自动编码器,它对于输入变化的敏感度较低。而且,2007 年提出了稀疏编码对称机 SESM[24],它与 RBM 非常类似,都作为一个 DBN 的构造模块。原则上,SESM 也可以用来有效地初始化 DNN 训练。除了半监督预训练外,监督预训练(有时也叫作区别预训练)也被证明是有效的[25-26]。在有标签样本数据充足的时候表现要优于无监督预训练技术。区别预训练的主要思想是从一个隐层 MLP 开始,用 BP 算法训练。然后,每次我们想要增加一个新的隐藏层,可以通过随机初始化一个新的隐藏层和输出层来代替原来输出层,再用 BP 算法训练这个新的 MLP(或 DNN)。与无监督预训练技术不同,区分与监督需要标签。

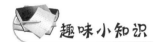

## 深度学习相关概念

深度置信网络包含多层随机隐藏变量的概率生成模型。最上面两层为无向对称连接。低层之间是自上而下的有向连接。

波尔兹曼机(Boltzmann Machine,BM)是由类神经元单元对称连接成的网络,通过类神经元打开或者关闭来做出随机决策。

深层神经网络(DNN)是一个带有多隐藏层的多层感知器,它的权被完全连接,应用一个半监督或一个监督预训练初始化。

深层自动编码器(Deep Auto-Encoder,DAE)是一个输出就是输入本身的深层神经网络。

### 3. 常用的经典深度学习结构

深度学习涉及相当广泛的机器学习技术和结构,根据这些结构和技术应用的方式,可以将其分成如表 3-1 所示的经典的深度学习结构。

表 3-1　经典的深度学习结构

| 名　称 | 特　性 |
| --- | --- |
| 生成性深度结构 | 描述数据的高阶相关特性,或观测数据和相应类别的联合概率分布 |
| 区分性深度结构 | 目的是提供对模式分类的区分性能力,通常描述数据的后验分布 |
| 混合型结构 | 其目标具有区分性,但通常利用了生成型结构的输出会更易优化 |

1) 生成性深度结构

在生成性深层结构的不同子类中,最常见的是基于能量的深层模型[24-26]。DAE的原始形式[27-28]就属于一个典型的生成模型。其他大部分的DAE自然也是生成模型,但是它们有着不同的性质和实现。例如,转换自动编码器[29]预测性稀疏编码和它们间的堆叠,去噪自动编码器和它们的叠加版本[30]。具体说,在去噪自动编码器中,输入首先被破坏,例如,随机选择输入和将其归零的百分比。然后,用原始输入和重构输入的均方重构误差和KL距离(KL divergence)来调整隐藏节点的参数去重构原始的、未破坏的数据。未破坏数据的编码表示转换形式将作为下一层堆叠的去噪自动编码器的输入。另一个著名的生成模型是深层玻尔兹曼机(Deep Boltzmann Machine, DBM)[31-32]。一个DBM包含多个隐藏变量层,同一层之间变量没有连接。它是一般的玻尔兹曼机的特殊情形。虽然有简单的算法,但是一般BM学习复杂而且计算缓慢。在一个DBM中,每一层捕获下层隐藏特征复杂的、高阶的相关性。DBM有学习内部表示问题的潜力,而内部表示问题对目标和语音识别问题的解决至关重要。此外,大量的无标记数据和非常有限的有标记数据可以构建高层表示,这样,高层表示可以用来微调模型。当DBM隐藏层的数目减少到1,就得到RBM。RBM和DBM相似,没有层之间的连接。RBM的主要优点是通过组合多个RBM,将一个RBM的特征激活作为下一层的训练数据,从而有效地学习多个隐藏层。这样就组成了DBN。标准的DBN已经被扩展,使其在底层是一个分解的高阶玻尔兹曼机,在电话识别中获得了很好的结果[32]。这个模型被称作mean-covariance RBM或mcRBM,标准RBM在表示数据的协方差结构是有局限的。训练mcRBM,把它用在深层构架的高层都是很困难的。

另一个深层生成架构的是和-积网络或SPN[33-34]。一个SPN是一个深层构架中的有向无环图,数据作为叶子,和运算与积运算作为内部节点。"和"节点给出混合模型与"积"节点建立特征层次结构。SPN的学习是结合反向传播使用EM算法。学习过程始于一个密集的SPN,然后通过学习它的权值来寻找一个SPN结构,权值为零表示移除这些连接。SPN学习的主要困难是,当传播到深层时,学习信号(也就是梯度)会迅速稀释。研究人员已经提出了经验的解决办法来克服这种困难[35]。然而,有学者指出，尽管 SPN 中有许多可取的生成性质，但是很难用区分的信息来微调参数，从而限制了其在分类任务上的有效性。随后，文献[36]提出一个有效的反向传播式区分训练算法克服了这个困难。

递归神经网络(Recursive Neural Networks，RNN)是另一类重要的深层生成构架，RNN 的深度与输入数据序列的长度相当。RNN 对于序列数据建模非常有效(例如，语音和文本)。但是 RNN 还没有被广泛的应用，部分原因是梯度爆炸(gradient exploding)问题，导致它极难被训练。Hessian-free 优化的最新进展是使用近似二阶信息或随机曲率估计，部分克服了这个难题[37]。通过 Hessian-free 优化训练得到的 RNN，在特征水平语言模型任务中，被用作一个生成式的深层构建。这样的生成式 RNN 模型被证明具有很好的生成文本字符序列的能力。

2) 区分性深度结构

在信号和信息过程中许多区分性技术都是浅层结构，例如 HMM 和 CRF。最近，通过堆叠每个低层 CRF 的输出和原始输入到更高层，得到深层结构 CRF[38]。各种深层结构的 CRF 成功地应用于电话识别[39]、自然语言处理[40]和口语识别[41]中。但是至少在电话识别任务上，深层 CRF 性能并不能超过含有 DBN 的混合性结构。文献[42]给出一个好的综述，关于现存的应用于语音识别的区分性模型，主要基于传统的神经网络或 MLP 结构，使用带有随机初始化的后向传播方法。他认为增加神经网络每一层的宽度(width)和深度(depth)是重要的。最近文献[43-46]提出了一个新的学习构架，即深度堆叠网络(Deep Stacking Network，DSN)，以及 DSN 的张量变体[47]和核版本[48]。前面说过，RNN 已经被成功用作生成性模型。它们也可以用作输出是一个关于输入序列的标签序列的区分性模型。

另一个区分性深度结构是 CNN，每一个模块包含一个卷积层和一个池化层(pooling layer)。通常，这些模块一个堆叠在另一个之上，或者用一个 DNN 堆叠在它之上来形成一个深度模型。卷积层共享许多权值，池化层对卷积层的输出进行次采样。在卷积层共享权值，结合适当的池选择，这样就使得 CNN 具有某种不变的性质(例如转换不变性)。这样限定不变性或等方差，对于复杂的模式识别任务是不合适的，需要可以处理广泛的不变性的原则性方法。CNN 可以非常有效且常用于计算机视觉和图像识别[49-54]。考虑到语音特性，经过适当的变化，提出了应用于为图像分析设计的 CNN，表明 CNN 在语音辨别方面也是有效的[55-57]。

需要指出的是，用于早期语音识别延时神经网络是 CNN 的一类特殊情形和原型，当权值共享被限制为时间维度。最近发现，对于语音识别，时间维度不变性不如频率不变性重要[58]。研究者分析了根本原因并提出了新的方法来设计 CNN 的池化层，

第 3 章

在语音识别方面,得出了比以前 CNN 更有效的方法。分层时间记忆模型[59]是 CNN 的另一个变体和扩展,扩展主要包括两个方面,即引进了时间维度来监督信息用于区分,采用自底而上和自顶而下的信息流,而 CNN 只采用自底而上的方式;用贝叶斯概率形式来融合信息和决策。

3) 混合型结构

混合型结构同时包含或利用生成性深度结构和区分性深度结构。现有的混合型结构,主要利用生成性部分来辅助区分。生成性深度结构可以辅助区分性深度结构,主要有以下两个原因。

(1) 从优化的角度看,在高度非线性参数估计问题中,生成性深度结构可以提供较好的初始点(在深度学习里引入常用术语"预训练",就是这个原因)。

(2) 从正则化观点看,生成性深度结构可以更有效的控制总体的复杂性。

文献[60]给出了深刻的分析和实验数据支持以上两个观点。DBN 可以被转换用作 DNN 的初始模型,然后进一步区分训练或微调。

文献[61]中提出另一个混合性深层构架的例子,DNN 权值也从一个生成性 DBN 初始化得来,但是随后的微调用过序列水平(sequence-level)准则,而不是通常使用的框架水平(frame-level)准则,例如,交叉熵(cross-entropy)。

这是一个静态 DNN 和一个 CRF 的浅层区分性构架的结合。可以指出这个 DNN-CRF 和一个 DNN 和 HMM 混合深层构架是等价的,这个 DNN 和 HMM 混合深层构架在整个标签序列和输入特征序列之间使用全序列最大交互信息准则来联合学习参数。相关的浅层神经网络序列训练方法[62]和深层神经网络序列训练方法[63]被提出。混合性深层构架的另一个例子是使用一个生成模型预训练深层卷积神经网络(Deep CNN)[64]。像全连接 DNN 一样,预训练也有助于提高基于随机初始化的深层 CNN 的表现。最后一个混合性深层构架是基于文献[64-65]的思想和工作。考虑的是一个区分任务(如语音识别)产生的输出(文本),这个输出又作为第二个区分任务(如机器翻译)的输入。整个系统提供了语音翻译的功能(将一种语言输入语音翻译成另一种语言的文本),是一个两阶段的深层构架,它包含了生成和区分两个部分元素。语音识别模型(如 HMM)和机器翻译(如短语映射和非单调校准)都是生成式的。但是它们的参数都是用区分式得到的。文献[66]中描述的框架,在整个深层框架中,可以端对端(end-to-end)地使用统一的学习框架执行优化,这种混合深度学习方法不仅可以应用于语音翻译,也可以应用于语音为中心的其他信息过程任务,例如语音信息检索、语音理解、跨语言语言(或文本)理解和检索[67-68]等。

#### 4. 小结

深度学习已成功应用于多种模式分类问题。但是,它仍存在某些不适合处理的特定任务,如语言辨识,生成性预训练提取的特征仅能描述潜在的语音变化,不会包含足够的不同语言间的区分性信息。虹膜识别等每类样本仅含单个样本的模式分类问题也不能很好完成的任务。深度学习目前仍有大量工作需要研究。模型方面是否有其他更为有效且有理论依据的深度模型学习算法,以及探索新的特征提取模型是值得深入研究的内容。此外,有效的可并行训练算法也是一个值得研究的方向。在深度学习应用拓展方面,如何充分合理地利用深度学习以增强传统学习算法的性能仍是目前各领域的研究重点。

### 3.3.3 知识图谱

知识图谱本质上是结构化的语义知识库,是一种由节点和边组成的图数据结构,以符号形式描述物理世界中的概念及其相互关系,其基本组成单位是"实体-关系-实体"三元组,以及实体及其相关"属性-值"对。不同实体之间通过关系相互联结,构成网状的知识结构。在知识图谱中,每个节点表示现实世界的"实体",每条边为实体与实体之间的"关系"。通俗地讲,知识图谱就是把所有不同种类的信息连接在一起而得到的一个关系网络,提供了从"关系"的角度去分析问题的能力。

知识图谱可用于反欺诈、不一致性验证、组团欺诈等公共安全保障领域,需要用到异常分析、静态分析、动态分析等数据挖掘方法。特别地,知识图谱在搜索引擎、可视化展示和精准营销方面有很大的优势,已成为业界的热门工具。但是,知识图谱的发展还有很大的挑战,如数据的噪声问题,即数据本身有错误或者数据存在冗余。随着知识图谱应用的不断深入,还有一系列关键技术需要突破。

### 3.3.4 自然语言处理

自然语言处理是计算机科学领域与人工智能领域中的一个重要方向,研究能实现人与计算机之间用自然语言进行有效通信的各种理论和方法,涉及的领域较多,主要包括机器翻译、机器阅读理解和问答系统等。

#### 1. 机器翻译

机器翻译技术是指利用计算机技术实现从一种自然语言到另外一种自然语言的翻译过程。基于统计的机器翻译方法突破了之前基于规则和实例翻译方法的局限性,翻译性能取得巨大提升。基于深度神经网络的机器翻译在日常口语等一些场景的成功应用已经显现出了巨大的潜力。随着上下文的语境表征和知识逻辑推理能力的发展,自然语言知识图谱不断扩充,机器翻译将会在多轮对话翻译及篇章翻译等领域取得更大进展。

目前非限定领域机器翻译中性能较佳的一种是统计机器翻译,包括训练及解码两个阶段。训练阶段的目标是获得模型参数,解码阶段的目标是利用所估计的参数和给定的优化目标,获取待翻译语句的最佳翻译结果。统计机器翻译主要包括语料预处理、词对齐、短语抽取、短语概率计算、最大熵调序等步骤。基于神经网络的端到端翻译方法不需要针对双语句子专门设计特征模型,而是直接把源语言句子的词串送入神经网络模型,经过神经网络的运算,得到目标语言句子的翻译结果。在基于端到端的机器翻译系统中,通常采用递归神经网络或卷积神经网络对句子进行表征建模,从海量训练数据中抽取语义信息。与基于短语的统计翻译相比,其翻译结果更加流畅自然,在实际应用中取得了较好的效果。

**2. 语义理解**

语义理解技术是指利用计算机技术实现对文本篇章的理解,并且回答与篇章相关问题的过程。语义理解更注重于对上下文的理解以及对答案精准程度的把控。随着MCTest数据集的发布,语义理解受到更多关注,取得了快速发展,相关数据集和对应的神经网络模型层出不穷。语义理解技术将在智能客服、产品自动问答等相关领域发挥重要作用,进一步提高问答与对话系统的精度。

在数据采集方面,语义理解通过自动构造数据方法和自动构造填空型问题的方法来有效扩充数据资源。为了解决填充型问题,一些基于深度学习的方法被相继提出,如基于注意力机制的神经网络方法。当前主流的模型是利用神经网络技术对篇章、问题建模,对答案的开始和终止位置进行预测,抽取出篇章片段。对于进一步泛化的答案,处理难度进一步提升,目前的语义理解技术仍有较大的提升空间。

**3. 问答系统**

问答系统分为开放领域的对话系统和特定领域的问答系统。问答系统技术是指让计算机像人类一样用自然语言与人交流的技术。人们可以向问答系统提交用自然语言表达的问题,系统会返回关联性较高的答案。尽管问答系统目前已经有了不少应用产品出现,但大多是在实际信息服务系统和智能手机助手等领域中的应用,在问答系统鲁棒性方面仍然存在着问题和挑战。

自然语言处理面临四大挑战,一是在词法、句法、语义、语用和语音等不同层面存在不确定性;二是新的词汇、术语、语义和语法导致未知语言现象的不可预测性;三是数据资源的不充分使其难以覆盖复杂的语言现象；四是语义知识的模糊性和错综复杂的关联性难以用简单的数学模型描述，语义计算需要参数庞大的非线性计算。

### 3.3.5　人机交互

人机交互主要研究人和计算机之间的信息交换，主要包括人到计算机和计算机到人的两部分信息交换，是人工智能领域重要的外围技术。人机交互是与认知心理学、人机工程学、多媒体技术、虚拟现实技术等密切相关的综合学科。传统的人与计算机之间的信息交换主要依靠交互设备进行，主要包括键盘、鼠标、操纵杆、数据服装、眼动跟踪、位置跟踪器、数据手套、压力笔等输入设备，以及打印机、绘图仪、显示器、头盔式显示器、音箱等输出设备。人机交互技术除了传统的基本交互和图形交互外，还包括语音交互、情感交互、体感交互及脑机交互等技术，以下对与人工智能关联密切的典型交互手段进行介绍。

**1. 语音交互**

语音交互是一种高效的交互方式，是人以自然语音或机器合成语音同计算机进行交互的综合性技术，结合了语言学、心理学、工程和计算机技术等领域的知识。语音交互不仅要对语音识别和语音合成进行研究，还要对人在语音通道下的交互机理、行为方式等进行研究。语音交互过程包括四部分，分别是语音采集、语音识别、语义理解和语音合成。语音采集完成音频的录入、采样及编码；语音识别完成语音信息到机器可识别的文本信息的转化；语义理解根据语音识别转换后的文本字符或命令完成相应的操作；语音合成完成文本信息到声音信息的转换。作为人类沟通和获取信息最自然、便捷的手段，语音交互比其他交互方式更具优势，能为人机交互带来根本性变革，是大数据和认知计算时代未来发展的制高点，具有广阔的发展前景和应用前景。

**2. 情感交互**

情感是一种高层次的信息传递，而情感交互是一种交互状态，它在表达功能和信息时传递情感，勾起人们的记忆或内心的情愫。传统的人机交互无法理解和适应人的情绪或心境，缺乏情感理解和表达能力，计算机难以具有类似人一样的智能，也难以通过人机交互做到真正的和谐与自然。情感交互就是要赋予计算机类似于人一样的观察、理解和生成各种情感的能力，最终使计算机像人一样能进行自然、亲切和生动的交互。情感交互已经成为人工智能领域中的热点方向，旨在让人机交互变得更加自然。目前，情感交互信息的处理方式、情感描述方式、情感数据获取和处理过程、情感表达方式等方面还面临诸多技术挑战。

### 3. 体感交互

体感交互是个体不需要借助任何复杂的控制系统，以体感技术为基础，直接通过肢体动作与周边数字设备装置和环境进行自然的交互。依照体感方式与原理的不同，体感技术主要分为惯性感测、光学感测以及光学联合感测三类。体感交互通常由运动追踪、手势识别、运动捕捉、面部表情识别等一系列技术支撑。与其他交互手段相比，体感交互技术无论是硬件还是软件方面都有了较大的提升，交互设备向小型化、便携化、使用便捷化等方向发展，大大降低了对用户的约束，使得交互过程更加自然。目前，体感交互在游戏娱乐、医疗辅助与康复、全自动三维建模、辅助购物、眼动仪等领域有了较为广泛的应用。

### 4. 脑机交互

脑机交互（又称为脑机接口），指不依赖于外围神经和肌肉等神经通道，直接实现大脑与外界信息传递的通路。脑机接口系统检测到中枢神经系统活动，并将其转化为人工输出指令，能够替代、修复、增强、补充或者改善中枢神经系统的正常输出，从而改变中枢神经系统与内外环境之间的交互作用。脑机交互通过对神经信号解码，实现脑信号到机器指令的转化，一般包括信号采集、特征提取和命令输出三个模块。从脑电信号采集的角度，一般将脑机接口分为侵入式和非侵入式两大类。除此之外，脑机接口还有其他常见的分类方式，如按照信号传输方向可以分为脑到机、机到脑和脑机双向接口；按照信号生成的类型，可分为自发式脑机接口和诱发式脑机接口；按照信号源的不同还可分为基于脑电的脑机接口、基于功能性核磁共振的脑机接口以及基于近红外光谱分析的脑机接口。

## 3.3.6 计算机视觉

计算机视觉使用计算机模仿人类视觉系统，让计算机拥有类似人类提取、处理、理解和分析图像以及图像序列的能力。自动驾驶、机器人、智能医疗等领域均需要通过计算机视觉技术从视觉信号中提取并处理信息。近来随着深度学习的发展，预处理、特征提取与算法处理渐渐融合，形成端到端的人工智能算法技术。根据解决的问题，计算机视觉可分为计算成像学、图像理解、三维视觉、动态视觉和视频编解码五大类。

### 1. 计算成像学

计算成像学是探索人眼结构、相机成像原理以及其延伸应用的科学。在相机成像原理方面，计算成像学不断促进现有可见光相机的完善，使得现代相机更加轻便，可以适用于不同场景。同时计算成像学也推动着新型相机的产生,使相机超出可见光的限制。在相机应用科学方面,计算成像学可以提升相机的能力,从而通过后续的算法处理使得在受限条件下拍摄的图像更加完善,例如图像去噪、去模糊、暗光增强、去雾霾等,以及实现新的功能,例如全景图、软件虚化、超分辨率等。

**2. 图像理解**

图像理解是通过用计算机系统解释图像,实现类似人类视觉系统理解外部世界的一门科学。通常根据理解信息的抽象程度可分为三个层次,即浅层理解,包括图像边缘、图像特征点、纹理元素等;中层理解,包括物体边界、区域与平面等;高层理解,根据需要抽取的高层语义信息,可大致分为识别、检测、分割、姿态估计、图像文字说明等。目前高层图像理解算法已广泛应用于人工智能系统,如刷脸支付、智慧安防、图像搜索等。

**3. 三维视觉**

三维视觉即研究如何通过视觉获取三维信息(三维重建)以及如何理解所获取的三维信息的科学。三维重建可以根据重建的信息来源,分为单目图像重建、多目图像重建和深度图像重建等。三维信息理解,即使用三维信息辅助图像理解或者直接理解三维信息。三维信息理解可分为浅层、中层、高层,浅层是指角点、边缘、法向量等;中层是指平面、立方体等;高层是指物体检测、识别、分割等。三维视觉技术可以广泛应用于机器人、无人驾驶、智慧工厂、虚拟与增强现实等方向。

**4. 动态视觉**

动态视觉即分析视频或图像序列,模拟人处理时序图像的科学。通常动态视觉问题可以定义为寻找图像元素,如像素、区域、物体在时序上的对应,以及提取其语义信息的问题。动态视觉研究被广泛应用在视频分析以及人机交互等方面。

**5. 视频编解码**

视频编解码是指通过特定的压缩技术,将视频流进行压缩。视频流传输中最为重要的编解码标准有国际电联的 H.261、H.263、H.264、H.265、M-JPEG 和 MPEG 系列标准。视频压缩编码主要分为两大类,即无损压缩和有损压缩。无损压缩指使用压缩后的数据进行重构时,重构后的数据与原来的数据完全相同,例如磁盘文件的压缩。有损压缩也称为不可逆编码,指使用压缩后的数据进行重构时,重构后的数据与原来的数据有差异,但不会影响人们对原始资料所表达的信息的理解,不会产生误解。有损压缩的应用范围比较广泛,例如视频会议、可视电话、视频广播、视频监控等。

总而言之,计算机视觉技术发展迅速,已具备初步的产业规模。未来计算机视觉

人工智能的工业化进程

技术的发展主要面临三个方面的挑战,一是如何在不同的应用领域和其他技术更好地结合,计算机视觉在解决某些问题时可以广泛利用大数据,其技术已经逐渐成熟并且可以超过人类,而在某些问题上却无法达到很高的精度;二是如何降低计算机视觉算法的开发时间和人力成本,目前计算机视觉算法需要大量的数据与人工标注,需要较长的研发周期以达到应用领域所要求的精度与耗时;三是如何加快新型算法的设计开发,随着新的成像硬件与人工智能芯片的出现,针对不同芯片与数据采集设备的计算机视觉算法的设计与开发也是难点之一。

### 3.3.7　生物特征识别

生物特征识别技术是指通过个体生理特征或行为特征对个体身份进行识别认证的技术。从应用流程看,生物特征识别通常分为注册和识别两个阶段。注册阶段通过传感器对人体的生物表征信息进行采集,如利用图像传感器对指纹和人脸等光学信息、麦克风对说话声等声学信息进行采集,利用数据预处理以及特征提取技术对采集的数据进行处理,得到相应的特征并进行存储。识别过程采用与注册过程一致的信息采集方式对待识别人进行信息采集、数据预处理和特征提取,然后将提取的特征与存储的特征进行比对分析,完成识别。从应用任务看,生物特征识别一般分为辨认与确认两种任务,辨认是指从存储库中确定待识别人身份的过程,是一对多的问题;确认是指将待识别人的信息与存储库中特定单人信息进行比对,确定身份的过程,是一对一的问题。

生物特征识别技术涉及的内容十分广泛,包括指纹、掌纹、人脸、虹膜、指静脉、声纹、步态等多种生物特征,其识别过程涉及图像处理、计算机视觉、语音识别、机器学习等多项技术。目前生物特征识别作为重要的智能化身份认证技术,在金融、公共安全、教育、交通等领域得到广泛的应用。下面将对指纹识别、人脸识别、虹膜识别、指静脉识别、声纹识别以及步态识别等技术进行介绍。

(1)指纹识别。指纹识别过程通常包括数据采集、数据处理、分析判别三个过程。数据采集通过光、电、力、热等物理传感器获取指纹图像;数据处理包括预处理、畸变校正、特征提取三个过程;分析判别是对提取的特征进行分析判别的过程。

(2)人脸识别。人脸识别是典型的计算机视觉应用,从应用过程来看,可将人脸识别技术划分为检测定位、面部特征提取以及人脸确认三个过程。人脸识别技术的应用主要受到光照、拍摄角度、图像遮挡、年龄等多个因素的影响,在约束条件下人脸识别技术相对成熟,在自由条件下人脸识别技术还在不断改进。

(3)虹膜识别。虹膜识别的理论框架主要包括虹膜图像分割、虹膜区域归一化、特征提取和识别四个部分,研究工作大多基于此理论框架发展。虹膜识别技术应用的主要难点包含传感器和光照影响两个方面。一方面,由于虹膜尺寸小且受黑色素遮挡,需在近红外光源下采用高分辨图像传感器才可清晰成像,对传感器质量和稳定性要求比较高;另一方面,光照的强弱变化会引起瞳孔缩放,导致虹膜纹理产生复杂形变,增加了匹配的难度。

(4)指静脉识别。指静脉识别是利用了人体静脉血管中的脱氧血红蛋白对特定波长范围内的近红外线有很好的吸收作用这一特性,采用近红外光对指静脉进行成像与识别的技术。由于指静脉血管分布随机性很强,其网络特征具有很好的唯一性,且属于人体内部特征,不受到外界影响,因此模态特性十分稳定。指静脉识别技术应用面临的主要难题来自成像单元。

(5)声纹识别。声纹识别是指根据待识别语音的声纹特征识别说话人的技术。声纹识别技术通常可以分为前端处理和建模分析两个阶段。声纹识别的过程是将某段来自某个人的语音经过特征提取后与多复合声纹模型库中的声纹模型进行匹配,常用的识别方法可以分为模板匹配法、概率模型法等。

(6)步态识别。步态是远距离复杂场景下唯一可清晰成像的生物特征,步态识别是指通过身体体型和行走姿态来识别人的身份。相比上述几种生物特征识别,步态识别的技术难度更大,体现在其需要从视频中提取运动特征,以及需要更高要求的预处理算法,但步态识别具有远距离、跨角度、光照不敏感等优势。

## 3.3.8　虚拟现实与增强现实

虚拟现实(Virtual Reality,VR)与增强现实(Augmented Reality,AR)是以计算机为核心的新型视听技术。结合相关科学技术,在一定范围内生成与真实环境在视觉、听觉、触感等方面高度近似的数字化环境。用户借助必要的装备与数字化环境中的对象进行交互,相互影响,获得近似真实环境的感受和体验,通过显示设备、跟踪定位设备、触力觉交互设备、数据获取设备、专用芯片等实现。

虚拟现实与增强现实从技术特征角度,按照不同处理阶段,可以分为获取与建模技术、分析与利用技术、交换与分发技术、展示与交互技术以及技术标准与评价体系五个方面。获取与建模技术研究如何把物理世界或者人类的创意进行数字化和模型化,难点是三维物理世界的数字化和模型化技术;分析与利用技术重点研究对数字内容进行分析、理解、搜索和知识化方法,难点在于内容的语义表示和分析;交换与分发技术主要强调各种网络环境下大规模的数字化内容流通、转换、集成和面向不同终端用户的个性化服务等,其核心是开放的内容交换和版权管理技术;展示与交换技术重点研究符合人的习惯,数字内容的各种显示技术及交互方法,以期提高人对复杂信息的认知能力,其难点在于建立自然和谐的人机交互环境;标准与评价体系重点研究虚拟现实与增强现实基础资源、内容编目、信源编码等的规范标准以及相应的评估技术。

目前虚拟现实与增强现实面临的挑战主要体现在智能获取、普适设备、自由交互和感知融合四个方面。在硬件平台与装置、核心芯片与器件、软件平台与工具、相关标准与规范等方面存在一系列科学技术问题。总体来说虚拟现实与增强现实呈现虚拟现实系统智能化、虚实环境对象无缝融合、自然交互全方位与舒适化的发展趋势。

# 3.4 态势与思考

## 3.4.1 人工智能与人的智能对比

### 1. 第一回合:人类险胜

人与计算机的对抗可以上溯至 20 世纪 70 年代,最早是计算机技术人员在实验室一种休闲娱乐。1996 年 2 月,由 IBM 开发的超级电脑深蓝(Deep Blue)挑战国际象棋世界冠军卡斯帕罗夫,在经过 7 天的比赛之后,深蓝以 2∶4 的失败告终。这是历史上第一次由人工智能挑战世界顶级棋类选手,深蓝输了比赛,却引起全球对人工智能发展的高度关注,这台冷冰冰的机器在比赛中并没有让世界冠军好受,卡斯帕罗夫虽然最终赢得了比赛,但也宣告了人机对抗中人类胜利历史的结束。

### 2. 第二回合:人类完败

1996—2016 年的二十年,人类与机器之间进行了三次标志性的竞赛,均以人类失败告终。1997 年,IBM 深蓝再次挑战卡斯帕罗夫,并以 3.5∶2.5 的优势赢得比赛,成为首个在标准比赛时限内击败国际象棋世界冠军的电脑系统,同时也标志着人机智力对抗中,机器已经实现逆转。

2011 年,IBM 开发的集成服务器沃森(Watson)参加美国的电视节目《危险边缘》,并最终击败最高奖金得主鲁特尔和连胜纪录保持者詹宁斯,获得了 100 万美元奖金。这是人工智能在综艺节目上第一次击败人类选手获得最高奖金。相对于深蓝,沃森需要处理的信息更加复杂,尽管在一些提示信息相对较少的问题面前表现明显不如人类,但是依靠强大数据处理能力和运算速度上的优势,沃森战胜了人类。

到了 2016 年,这一切发生了根本性改变。2016 年伊始,谷歌宣布其伦敦子公司 Deep Mind 开发的 AlphaGo 以 5∶0 大胜欧洲围棋冠军樊麾,随后又以 4∶1 战胜世界冠军韩国围棋国手李世石。2016 年底,AlphGo 化名"Master"在围棋网络平台上所向披靡,将中国、日本、韩国的顶尖棋手斩于马下,取得了 60 连胜辉煌战果。因为围棋是迄今为止最复杂的棋类游戏,那么机器能够在围棋上战胜人类顶尖选手则意味着至少在棋类游戏上实现了对人类的全面超越。

**3. 第三回合:休战、共赢**

无论是深蓝、沃森还是 AlphaGo,其研发的目的远不止赢得一场比赛那么简单。IBM 早已将深蓝和沃森系统应用于药物研发、金融风险计算等领域。至于输给深蓝的卡斯帕罗夫,也并没有因为失败而从此一蹶不振,相反他又拿下了几乎所有著名的国际象棋比赛的冠军,最后退出国际象棋界后,转身又进军政界。输给 AlphaGo 的李世石从此人气大涨,参加了各种访谈和综艺节目,围棋在韩国年轻人中进一步升温。虽然人机大战在比分上表现为人类的完败,但最终的结果是双方都从中受益。

## 3.4.2  未来发展方向与思考

虽然人工智能有二十多年的发展历史,但仍然处于研究阶段,仍然面临一些问题。人工智能的发展是力求让智能系统做出自己的决定。深度学习是机器学习的新浪潮,也是人工智能发展的一个里程碑,虽然深度学习已经在语音识别、图像识别等领域小试身手,但客观上讲还处于襁褓阶段,无论是理论研究还是工程化都还面临巨大的难题。谁也不能保障深度学习在未来能否成为人工智能最基础的方法,也许会有新的、更好的技术替代深度学习,但是可以肯定的是,人工智能的梦想不再遥远,在不久的将来,机器将像人类一样思考。

人工智能是社会发展的需要,也是社会发展的必然产物。伴随着人工智能的发展,一方面学科在不断细分,高度分化;另一方面,学科在不断融合,呈现出交叉和综合的趋势。在备受关注的机器人领域,人工智能也具有无限的发展空间,虽然现在机器人的发展已经备受瞩目,但是相信人工智能会给我们带来更加震撼的成果[69]。

对人工智能的研究是人类一直以来的愿望,同时也是一项极具挑战性的研究学科,和其他研究一样,必定障碍重重[70]。但是有信心与毅力恰好是人类胜过人工智能的一个方面,所以我们要勇于挑战,敢于创新,让人工智能取得新的突破性成就。

人工智能的工业化进程

# 3.5　本章小结

工业自动化技术朝着人工智能的方向发展，是技术本身的回归。从本质上来说，自动化技术是由人来开发的，那么一切技术的来源都是人本身创造的并不是机器。所以未来自动化的发展方向就是回归到人的技术本身，让技术实现自我思考和自我个性，技术本身具备再创新技术的能力和处理一些更为复杂的问题将让自动化在工业中的应用更为广泛。可以预想到，那些目前只能借助人工来完成的生产在不久的将来还是会被自动化取代，这是大势所趋，也是技术发展的必然。虽然在整体上，我国的工业自动化水平还无法和美国、日本等国相比，但是在一些特殊领域，中国正在暗自发功。这也是区域优势和比较优势理论的体现，在技术进一步发展的情况下，并不存在全才，即使是现在的发达国家，每个国家技术的领先领域不尽相同，正如韩国的电子产品、美国的农业、德国的工业水平。未来的趋势是必将利用信息技术、计算机基础、人工智能技术加强监测预警，提升各行业的安全保障能力，有效协调专业和社会力量，提高应对交通突发事件的快速反应能力，提供安全的出行环境；必须加强应急处理能力和智能分析，优化配置和保障资源，提高指挥能力；必须面向社会及时发布信息，维护社会稳定，提高信息服务能力。

当前来看，受经济和信息化发展水平制约，人工智能的工业化还存在着大量技术瓶颈，我国在工业化4.0阶段的核心技术装备还是依赖国外进口，尤其是信息技术研究和应用有待提高，国产化、集成化需求日益迫切。

工业自动化技术是典型的高技术，是当代发展最迅速、应用最广泛、效益最显著、最引人注目的关键技术之一，是推动新的技术革命和新的产业革命的关键技术之一，是信息电子技术的综合集成技术之一，是一种技术密集型、智力密集型的技术，是走新型工业化道路的关键技术。

# 参 考 文 献

[1]　赵静明.人工智能研究需要新的理论突破——强人工智能实现的理论模型[J].电脑知识与技术,2007(16):1117-1118,1120.

[2]　陈进才,郑守淇.人工智能发展的新趋势[J].西安交通大学学报,998(03):94-97.

[3]　杜文静.人工智能的发展及其极限[J].重庆理工大学学报:社会科学,2007,21(1):37-38.

［4］ Abdel-Hamid O，Mohamed A R，Jiang H，et al. Applying Convolutional Neural Networks Concepts to Hybrid NN-HMM Model for Speech Recognition［C］// IEEE International Conference on Acoustics. IEEE，2012.

［5］ Arel I，Rose D C，Karnowski T P. Deep Machine Learning—A New Frontier in Artificial Intelligence Research［Research Frontier］［J］. IEEE Computational Intelligence Magazine，2010，5(4)：13-18.

［6］ Bengio Y. Learning Deep Architectures for AI［J］. Foundations & Trends in Machine Learning，2009，2(1)：1-127.

［7］ Bengio Y，Boulanger-Lewandowski N，Pascanu R. Advances in Optimizing Recurrent Networks ［C］// International Conference on Acoustics Speech & Signal Processing，2013.

［8］ Bottou L E，Cun Y L. Large Scale Online Learning［J］. Advances in neural information processing systems，2004.

［9］ Cho Y，Saul L K. Kernel Methods for Deep Learning［C］// Advances in Neural Information Processing Systems 22：Conference on Neural Information Processing Systems A Meeting，2009.

［10］ Cirean D C，Giusti A，Gambardella L M，et al. Deep Neural Networks Segment Neuronal Membranes in Electron Microscopy Images［C］// Advances in Neural Information Processing Systems，2012.

［11］ Dahl G E，Ranzato M，Mohamed A R，et al. Phone Recognition with the Mean-Covariance Restricted Boltzmann Machine ［C］// Advances in Neural Information Processing Systems，2010.

［12］ Dahl G E，Yu D，Deng L，et al. Large Vocabulary Continuous Speech Recognition with Context-Dependent DBN-HMMS［C］// Proceedings of the IEEE International Conference on Acoustics，Speech，and Signal Processing. IEEE，2011.

［13］ Dahl G E，Yu D，Deng L，et al. Context-Dependent Pre-Trained Deep Neural Networks for Large-Vocabulary Speech Recognition［J］. IEEE Transactions on Audio Speech & Language Processing，2011，20(1)：30-42.

［14］ Dean J，Corrado G，Monga R，et al. Large Scale Distributed Deep Network［C］// Advances in Neural Information Processing Systems，2013.

［15］ Deng L. An Overview of Deep-Structured Learning for Information Processing ［C］// Proceedings of Asian-Pacific Signal & Information Processing Annual Summit and Conference (APSIPA-ASC)，2011.

［16］ Deng L，Abdel-Hamid O，Yu D. ADeep ConvolutionalNeural Network Using Heterogeneous Pooling for Trading Acoustic in Variance with Phonetic Confusion［C］// IEEE International Conference on Acoustics，Speech and Signal Processing. IEEE，2013.

［17］ Deng L，Seltzer M，Yu D，et al. Binary Coding of Speech Spectrograms Using a Deep auto-encoder［C］// Conference of the International Speech Communication Association，2010.

［18］ Deng L，Tur G，He X，et al. Use of Kernel Deep Convex Networks and end-to-end Learning for Spoken Language Understanding ［C］// IEEE Workshop on Spoken Language Technologies，2012.

［19］ Deng L，Yu D，Platt J. Scalable Stacking and Learning for Building Deep Architectures［C］//

第3章

International Conference on Acoustics Speech & Signal Processing,2012.

[20] Erhan D,Bengio Y,Courville A,et al. Why Does Unsupervised Pre-training Help Deep Learning? [J]. Journal of Machine Learning Research,2010,11(3): 625-660.

[21] Gens R,Domingos P Discriminative Learning of Sum-Product Networks[C]// Advances in Neural Information Processing Systems,2012: 3239-3247.

[22] George D. How the Brain Might Work: A Hierarchical and Temporal Model for Learning and Recognition[D]. USA: Stanford University,2008.

[23] Glorot X,Bengio Y . Understanding the Difficulty of Training Deep Feedforward Neural Networks[J]. Journal of Machine Learning Research,2010,9: 249-256.

[24] Hawkins J,George D. Hierarchical Temporal Memory[J]. Alphascript Publishing,2011,suppl (5): 1-10.

[25] Hawkins J,Blakeslee S. On Intelligence: How a New Understanding of the Brain will lead to the Creation of Truly Intelligent Machines[M]. New York: Times Books,2004.

[26] He X, Deng, L. Optimization in Speech-Centric Information Processing: Criteria and Techniques[C]// International Conference on Acoustics Speech & Signal Processing,2012.

[27] He X,Deng L. Speech Recognition,Machine Translation,and Speech Translation—A Unified Discriminative Learning Paradigm [J]. IEEE Signal Processing Magazine, 2011, 28 (5): 126-133.

[28] He X,Deng L. Speech-Centric Information Processing: An Optimization-Oriented Approach [J]. Proceedings of the IEEE,2013,101(5): 1116-1135.

[29] Hinton,Geoffrey E. ABetter Way to Learn Features[J]. Communications of the ACM,2011, 54(10): 94.

[30] Hinton G. A practicalGuide to Training Restricted Boltzmann Machines [J]. Momentum, 2010,9(1): 926-947.

[31] Hinton G,Salakhutdinov R. Discovering Binary Codes for Documents by Learning Deep Generative Models[J]. Topics in Cognitive Science,2011,3(1): 74-91.

[32] Hinton G,Salakhutdinov R. Reducing the Dimensionality of Data with Neural Networks[J]. Science,2006,313(5786): 504-507.

[33] Hinton G,DengL,Yu D,et al. Deep Neural Networks for Acoustic Modeling in Speech Recognition: The Shared Views of Four Research Groups [J]. IEEE Signal Processing Magazine,2012,29(6): 82-97.

[34] Hinton G E,Osindero S,Teh Y W. A Fast Learning Algorithm for Deep Belief Nets. [J]. Neural Computation,2006(18): 1527-1554.

[35] Hinton G E,Krizhevsky A,Wang S D. Transforming Auto-Encoders[C]// Artificial Neural Networks & Machine Learning. Springer,2012.

[36] Hinton G E,Srivastava N,Krizhevsky A,et al. Improving neural networks by preventing co-adaptation of feature detectors[J]. Computer Science,2012,3(4): 212-223.

[37] Hutchinson B, Deng L, Yu D. A deep architecture with bilinear modeling of hidden representations: Applications to phonetic recognition[C]// IEEE International Conference on Acoustics Speech & Signal Processing,2012.

[38] Brian H,L Deng,Dong Y,et al. Tensor Deep Stacking Networks[J]. IEEE Transactions on

Pattern Analysis and Machine Intelligence,2013,35(8):1944-1957.

[39] Kingsbury B,Sainath T,Soltau H. Scalable Minimum Bayes Risk Training of Deep Neural Network Acoustic Models Using Distributed Hessian-free Optimization [C]// IEEE International Conference on Acoustics Speech & Signal Processing,2012.

[40] Krizhevsky A,Sutskever I,Hinton G E. ImageNet Classification with Deep Convolutional Neural Networks[J]. Communications of the ACM,2017,60(6):84-90.

[41] Larochelle H,Bengio Y. Classification Using Discriminative Restricted Boltzmann Machines [C]// Proc. ICML,2008.

[42] Le Q V. BuildingHigh-level Features Using Large Scale Unsupervised Learning[C]// IEEE International Conference on Acoustics Speech & Signal Processing,2013.

[43] LeCun Y,Bottou L,Bengio Y,et al. Gradient-based Learning Applied to Document Recognition[C]// Proceedings of the IEEE,1998,86:2278-2324.

[44] LeCun Y,Chopra S,Ranzato M,et al. Energy-based Models in Document Recognition and Computer Vision [C]// International Conference on Document Analysis and Recognition,2007.

[45] Martens J. DeepLearning via Hessian-free Optimization [C]// Proceedings of the 27th International Conference on Machine Learning,2010.

[46] Mikolov T,Martin Karafiát,Burget L,et al. Recurrent Neural Network Based Language Model [C]// Conference on International Speech Communication Association,2015.

[47] Hinton G,Deng L,Yu D,et al. Deep Neural Networks for Acoustic Modeling in Speech Recognition: The Shared Views of Four Research Groups [J]. IEEE Signal Processing Magazine,2012,29(6):82-97.

[48] Mohamed A,Dahl G E,Hinton G. Acoustic Modeling Using Deep Belief Networks[J]. IEEE Transactions on Audio Speech & Language Processing,2011,20(1):14-22.

[49] Ney H. Speech Translation: Coupling of Recognition and Translation [C]// IEEE International Conference on Acoustics,Speech,and Signal Processing. Proceedings,1999.

[50] Ngiam J,Khosla A,Kim M,et al. Multimodal Deep Learning[C]// International Conference on Machine Learning,2009.

[51] Poon H,Domingos P. Sum-product Networks: A New Deep Architecture [C]// IEEE International Conference on Computer Vision,2011.

[52] Ranzato M,Boureau Y L,Lecun Y. Sparse Feature Learning for Deep Belief Networks[C]// Advances in Neural Information Processing Systems,2007.

[53] Ranzato M,Susskind J,Mnih V,et al. On Deep Generative Models with Applications to Recognition[C]// IEEE Conference on Computer Vision and Pattern Recognition,2011.

[54] Rifai S,Vincent P,Muller X,et al. Contractive Autoencoders: Explicit Invariance During Feature Extraction[C]// International Conference on Machine Learning,2011.

[55] Sainath T,Mohamed A,Kingsbury B,et al. Convolutional Neural Networks for LVCSR[C]// IEEE International Conference on Acoustics, Speech, and Signal Processing. Proceedings,2013.

[56] Salakhutdinov R,Hinton G E. Deep Boltzmann Machines[J]. Journal of Machine Learning Research,2009,5(2):1967-2006.

[57]  Seide F, Li G, Yu D. Conversational Speech Transcription Using Context-Dependent Deep Neural Networks [C]// International Conference on International Conference on Machine Learning, 2012.

[58]  Seide F, Li G, Chen X, et al. Feature Engineering in Context-Dependent Deep Neural Networks for Conversational Speech Transcription[C]// International Conference on Automatic Speech Recognition & Understanding. IEEE, 2011.

[59]  Srivastava N, Salakhutdinov R. Multi-modal Learning with Deep Boltzmann Machines[C]// Advances in Neural Information Processing Systems, 2012.

[60]  Sutskever I. Training Recurrent Neural Networks[D]. Canada: University of Toronto, 2013.

[61]  Tur G, Deng L, Dilek Hakkani-Tür, et al. Towards Deeper Understanding: Deep Convex Networks for Semantic Utterance Classification [C]// IEEE International Conference on Acoustic, 2012.

[62]  Vincent P. A Connection between Score Matching and Denoising Autoencoder[J]. Neural Computation, 2011, 23(7): 1661-1674.

[63]  Vincent P, Larochelle H, Lajoie I, et al. Stacked Denoising Autoencoders: Leaning Useful Representations in a Deep Network with aLlocal Denoising Criterion[J]. Machine Learning Research, 2010(11): 3371-3408.

[64]  Vinyal O, Jia Y, Deng L, et al. Learning with Recursive Perceptual Representations[C] // Advances in Neural Information Processing Systems, 2012.

[65]  Yaman S, Deng L, Yu D, et al. An Integrative and Discriminative Technique for Spoken Utterance Classification[J]. IEEE Transactions on Audio, Speech, and Language Processing, 2008, 16(6): 1207-1214.

[66]  Yu D, Deng L. Deep-structured Hidden Conditional Random Fields for Phonetic Recognition, [C]//Proc. Interspeech, 2010.

[67]  Yu D, Wang S, Deng L. Sequential Labeling Using Deep-Structured Conditional Random Fields[J]. IEEE Journal of Selected Topics in Signal Processing, 2010, 4(6): 965-973.

[68]  Yu D, Wang S, Karam Z, et al. Language Recognition Using Deep-Structured Conditional Random Fields [C]// IEEE International Conference on Acoustics Speech & Signal Processing, 2010.

[69]  黄乾贵, 张艳. 人工智能的发展现状与展望[J]. 煤矿机械, 2002(4): 10-11.

[70]  张凯斐. 人工智能的应用领域及其未来展望[J]. 吕梁高等专科学校学报, 2010(4): 79-81.

# 第4章 人工智能的实例应用

人工智能已在越来越多的领域得到应用。在传统行业的重复性劳动环节,已经实现了大规模机器替代人工的现象,无人工厂、无人仓库等越来越普遍,生产效率、产品一致性非常高,成本也大幅度降低。而且,人工智能还会写新闻、写诗、画画、炒股等,人工智能几乎涉足了所有的领域并显示出强大的替代能力。事实上,在医疗领域早已引入人工智能,诸如手术机器人、智能医疗系统等,都是人工智能技术应用的结果,效果还非常好。本章介绍人工智能在语音识别、图像识别、图像压缩与评价、仿生视觉、交互式设计、安全驾驶、银行金融及机器人等主要应用领域相应的背景、方法、趋势以及技术难题等各个环节,供读者学习和参考。

## 4.1 人工智能与语音识别

### 4.1.1 语音识别的基础背景

语音识别技术,也称为自动语音识别(Automatic Speech Recognition,ASR)。该技术是 2000—2020 年信息技术领域十大重要的科技发展技术之一。它是一门交叉学科,正逐步成为信息技术中人机接口的关键技术。

语音识别技术与语音合成技术的结合使人们能够甩掉键盘,通过语音命令进行操作。语音技术的应用已经成为一个具有竞争性的新兴高技术产业。

语音识别的目标是将人类语音中的词汇内容转换为计算机可读的输入,例如按键、二进制编码或者字符序列。与说话人识别及说话人确认不同,后者尝试识别或确认发出语音的说话人而非其中所包含的词汇内容。语音识别技术的应用包括语音拨号、语音导航、室内设备控制、语音文档检索、简单的听写数据录入等。语音识别技术与其他自然语言处理技术如机器翻译及语音合成技术相结合,可以构建出更加复杂的应用,例如语音到语音的翻译。语音识别技术所涉及的领域包括信号处理、模式识别、概率论和信息论、发声机理和听觉机理、人工智能等。

如图 4-1 所示,语音识别是解决机器"听懂"人类语言的一项技术,其目标是将人类语音的词汇内容转换为计算机可读的输入。作为智能计算机研究的主导方向和人机语音通信的关键技术,语音识别技术一直受到各国科学界的广泛关注。如今,随着语音识别技术研究的突破,其对计算机发展和社会生活的重要性日益凸显出来。采用语音识别技术开发出的产品应用领域非常广泛,如声控电话交换、信息网络查询、家庭服务、宾馆服务、医疗服务、银行服务、工业控制、语音通信系统等,几乎深入到社会的各个行业的方方面面。

图 4-1 语音识别技术

## 4.1.2 语音识别的研究历史

语音识别的研究工作始于 20 世纪 50 年代。1952 年 Bell 实验室开发的 Audry 系统是第一个可以识别 10 个英文数字的语音识别系统。1959 年,Rorgie 和 Forge 采用数字计算机识别英文元音和孤立词,从此开始了计算机语音识别的研究。20 世纪 60 年代,苏联的 Matin 等提出了语音结束点的端点检测,使语音识别水平明显上升;Vintsyuk 提出了动态编程技术,这一技术在以后的识别中不可或缺。20 世纪 60 年代末、70 年代初的重要成果是提出了信号线性预测编码(Linear Predictive Coding,LPC)技术和动态时间规整(Dynamic Time Warping,DTW)技术,有效地解决了语音信号的特征提取和不等长语音匹配问题;同时提出了向量量化(Vector Quantization,VQ)和 HMM 理论。80 年代语音识别研究进一步走向深入,HMM 模型和人工神经网络在语音识别中成功应用。1988 年,FULEEKai 等用 VQ/I-IMM 方法实现了 997 个词汇的非特定人连续语音识别系统 SPHINX。这是世界上第一个高性能的非特定人、大词汇量、连续语音识别系统。进入 20 世纪 90 年代,语音识别技术进一步成熟,并开始向市场提供产品。许多发达国家如美国、日本、韩国以及 IBM、Apple、AT&T、Microsoft 等公司都为语音识别系统的实用化开发研究投以巨资。同时汉语语音识别也越来越受到重视。IBM 开发的 ViaVoice 和 Microsoft 开发的中文识别引擎都具有了相当高的汉语语音识别水平。

进入 21 世纪,随着消费类电子产品的普及,嵌入式语音处理技术发展迅速。基于语音识别芯片的嵌入式产品也越来越多,如 Sensory 公司的 RSC 系列语音识别芯片、Infineon 公司的 Unispeech 和 Unilite 语音芯片等,这些芯片在嵌入式硬件开发中得到了广泛的应用。在软件上,目前比较成功的语音识别软件有 Nuance、IBM 的 Viavoice 和 Microsoft 的 SAPI 以及开源软件 HTK,这些软件都是面向非特定人、大词汇量的连续语音识别系统。

## 4.1.3 国内研究历史及现状

我国语音识别研究工作起步于 20 世纪 50 年代,近年来取得了快速发展。研究水平也从实验室逐步走向实用。从 1987 年开始执行国家 863 计划后,国家 863 智能计算机专家组为语音识别技术研究专门立项,每两年滚动一次。我国语音识别技术的研究水平已经基本上与国外同步,在汉语语音识别技术上具有自己的特点与优势,并达到国际先进水平。中国科学院自动化研究所和声学研究所、清华大学、北京大学、哈尔滨工业大学、上海交通大学、中国科技大学、北京邮电大学、华中科技大学等科研机构都有实验室进行过语音识别方面的研究,其中具有代表性的研究单位为清华大学电子工程系与中国科学院自动化研究所模式识别国家重点实验室。清华大学电子工程系语音技术与专用芯片设计课题组,研发的非特定人汉语数码串连续语音识别系统的识别精度,分别达到 94.8%(不定长数字串)和 96.8%(定长数字串)。在有 5% 的拒识率情况下,系统识别率可以达到 96.9%(不定长数字串)和 98.7%(定长数字串)的精度,这是目前国际最好的识别结果之一,其性能已经接近实用水平。研发的 5000 词邮包校核非特定人连续语音识别系统的识别率达到 98.73%,前三选识别率达 99.96%;并且可以识别普通话与四川话,达到实用要求。2000 年 7 月在北京自然博物馆新开设的动物展馆中展出的具有语音识别口语对话功能的“熊猫”,采用了我们研发非特定人连续语音识别系统,在展览馆这样高噪声的环境下,该识别系统的识别率也超过了98%,达到实用要求。通过该系统观众与“熊猫”自然对话可以了解熊猫的生活习惯、生理结构等信息,其形式生动、活泼,吸引了大量的参观者。

人工智能的实例应用

### 4.1.4　语音识别的几种基本方法

一般来说,语音识别的方法有 3 种,分别有基于声道模型和语音知识的方法、模板匹配的方法以及利用人工神经网络的方法。

**1. 基于声道模型和语音知识的方法**

该方法起步较早,在开始提出语音识别技术时,就有了这方面的研究,但由于其模型及语音知识过于复杂,现阶段没有达到实用的水平。通常认为常用语言中有有限个不同的语音基元,而且可以通过其语音信号的频域或时域特性来区分。该方法分为两步实现。

(1) 分段和标号,把语音信号按时间分成离散的段,每段对应一个或几个语音基元的声学特性。然后根据相应的声学特性对每个分段给出相近的语音标号。

(2) 得到词序列,根据第一步所得的语音标号序列得到一个语音基元网格,从词典得到有效的词序列,也可结合句子的文法和语义同时进行。

**2. 模板匹配的方法**

模板匹配的方法发展比较成熟,目前已达到了实用阶段。在模板匹配方法中,要经过四个步骤,即特征提取、模板训练、模板分类、判决。常用的三种技术为 DTW 技术、HMM 理论和 VQ 技术。

DTW 技术在 20 世纪 60 年代由日本学者 Itakura 提出。语音信号的端点检测是进行语音识别中的一个基本步骤,它是特征训练和识别的基础。所谓端点检测就是从语音信号中的各种段落(如音素、音节、词素)的始点和终点的位置排除无声段。在早期,进行端点检测的主要依据是能量、振幅和过零率。但效果往往不明显。算法的思想就是把未知量均匀地升长或缩短,直到与参考模式的长度一致。在这一过程中,未知单词的时间轴要不均匀地扭曲或弯折,以使其特征与模型特征对正。

HMM 是 20 世纪 70 年代引入语音识别理论的,它的出现使得自然语音识别系统取得了实质性的突破。HMM 方法现已成为语音识别的主流技术,目前大多数大词汇量、连续语音的非特定人语音识别系统都是基于 HMM 模型的。HMM 是对语音信号的时间序列结构建立统计模型,可以将之看作数学上的双重随机过程,一个过程是用具有有限状态数的马尔可夫链来模拟语音信号统计特性变化的隐含的随机过程;另一个过程是与马尔可夫链的每一个状态相关联的观测序列的随机过程。前者通过后者表现出来,但前者的具体参数是不可测的。人的言语过程实际上就是一个双重随机过程,语音信号本身是一个可观测的时变序列,是由大脑根据语法知识和语言需要

(不可观测的状态)发出的音素的参数流。可见 HMM 合理地模仿了这一过程,很好地描述了语音信号的整体非平稳性和局部平稳性,是较为理想的一种语音模型。

VQ 技术即向量量化技术,是一种重要的信号压缩方法。与 HMM 相比,向量量化主要适用于小词汇量、孤立词的语音识别中。其过程是将语音信号波形的 $k$ 个样点的每一帧,或有 $k$ 个参数的每一参数帧,构成 $k$ 维空间中的一个向量,然后对向量进行量化。量化时,将 $k$ 维无限空间划分为 $M$ 个区域边界,然后将输入向量与这些边界进行比较,并被量化为距离最小的区域边界的中心向量值。向量量化器的设计就是从大量信号样本中训练出好的码书,从实际效果出发寻找到好的失真测度定义公式,设计出最佳的向量量化系统,用最少的搜索和计算失真的运算量,实现最大可能的平均信噪比。

**3. 基于人工神经网络的方法**

利用 ANN 的方法是 20 世纪 80 年代末期提出的一种新的语音识别方法。ANN 本质上是一个自适应非线性动力学系统,模拟了人类神经活动的原理,具有自适应性、并行性、鲁棒性、容错性和学习特性,其强大的分类能力和输入输出映射能力在语音识别中都很有吸引力。但由于其存在训练、识别时间太长的缺点,目前仍处于实验探索阶段。由于 ANN 不能很好地描述语音信号的时间动态特性,所以常把 ANN 与传统识别方法结合,分别利用各自的优点来进行语音识别。

## 4.1.5 语音识别系统的结构

一个完整的基于统计的语音识别系统可大致分为三部分,即语音信号预处理与特征提取、声学模型与模式匹配、语言模型与语言处理。

**1. 语音信号预处理与特征提取**

选择识别单元是语音识别研究的第一步。语音识别单元有单词(句)、音节和音素三种,具体选择哪一种,由具体的研究任务决定。

单词(句)单元广泛应用于中小词汇语音识别系统,但不适合大词汇系统,原因在于模型库太庞大,训练模型任务繁重,模型匹配算法复杂,难以满足实时性要求。

音节单元多见于汉语语音识别,主要因为汉语是单音节结构的语言,而英语是多音节,并且汉语虽然有大约 1300 个音节,但若不考虑声调,约有 408 个无调音节,数量相对较少。因此,对于中、大词汇量汉语语音识别系统来说,以音节为识别单元基本是可行的。

音素单元以前多见于英语语音识别的研究中,但目前中、大词汇量汉语语音识别系统也被越来越多地采用。原因在于汉语音节仅由声母(包括零声母共有 22 个)和韵母(共有 28 个)构成,且声母与韵母声学特性相差很大。实际应用中常把声母依后续韵母的不同而构成细化声母,这样虽然增加了模型数目,但提高了易混淆音节的区分能力。由于协同发音的影响,音素单元不稳定,所以如何获得稳定的音素单元,还有待研究。

语音识别的一个根本问题是如何合理地选用特征。特征参数提取的目的是对语音信号进行分析处理,去掉与语音识别无关的冗余信息,获得影响语音识别的重要信息,同时对语音信号进行压缩。在实际应用中,语音信号的压缩率介于 $10 \sim 100$。语音信号包含了大量不同的信息,提取哪些信息,用哪种方式提取,需要综合考虑各方面的因素,如成本、性能、响应时间、计算量等。非特定人语音识别系统一般侧重提取反映语义的特征参数,尽量去除说话人的个人信息;而特定人语音识别系统则希望在提取反映语义的特征参数的同时,尽量也包含说话人的个人信息。

线性预测编码(Linear Predictive Coding,LPC)技术是目前应用广泛的特征参数提取技术,许多成功的应用系统都采用基于 LPC 技术提取的倒谱参数。但线性预测模型是纯数学模型,没有考虑人类听觉系统对语音处理的特点。

梅尔(Mel)参数和基于感知线性预测(Perceptual Linear Predictive,PLP)分析提取的感知线性预测倒谱,在一定程度上模拟了人耳对语音的处理特点,应用了人耳听觉感知方面的一些研究成果。实验证明,采用这种技术后,语音识别系统的性能有了一定的提高。从目前使用的情况来看,梅尔刻度式倒频谱参数已逐渐取代原本常用的线性预测编码导出的倒频谱参数,原因是它考虑了人类发声与接收声音的特性,具有更好的鲁棒性。也有研究者尝试把小波分析技术应用于特征提取,但目前的性能难以与上述技术相比,仍有待进一步研究。

### 2. 声学模型与模式匹配

声学模型通常是将获取的语音特征使用训练算法进行训练后产生。在识别时将输入的语音特征同声学模型(模式)进行匹配与比较,得到最佳的识别结果。

声学模型是识别系统的底层模型,并且是语音识别系统中最关键的一部分。声学模型的目的是提供一种有效的方法计算语音的特征向量序列和每个发音模板之间的距离。声学模型的设计和语言发音特点密切相关。声学模型单元大小(字发音模型、半音节模型或音素模型)对语音训练数据量大小、系统识别率,以及灵活性有较大的影响。必须根据不同语言的特点以及识别系统词汇量的大小决定识别单元的大小。

以汉语为例,汉语按音素的发音特征分类分为辅音、单元音、复元音、复鼻尾音四种,按音节结构分类为声母和韵母。并且由音素构成声母或韵母。有时,将含有声调的韵母称为调母。由单个调母或由声母与调母拼音成为音节。汉语的一个音节就是汉语一个字的音,即音节字。由音节字构成词,最后再由词构成句子。

汉语声母共有 22 个,其中包括零声母和韵母共有 38 个。按音素分类,汉语辅音共有 22 个,单元音 13 个,复元音 13 个,复鼻尾音 16 个。目前常用的声学模型基元为声韵母、音节或词,根据实现目的不同来选取不同的基元。汉语加上语气词共有 412 个音节,包括轻音字,共有 1282 个有调音节字,所以当在小词汇表孤立词语音识别时常选用词作为基元,在大词汇表语音识别时常采用音节或声韵母建模,而在连续语音识别时,由于协同发音的影响,常采用声韵母建模。

### 3. 语言模型与语言处理

语言模型包括由识别语音命令构成的语法网络或由统计方法构成的语言模型,语言处理可以进行语法、语义分析。

语言模型对中、大词汇量的语音识别系统特别重要。当分类发生错误时可以根据语言学模型、语法结构、语义学进行判断纠正,特别是一些同音字则必须通过上下文结构才能确定词义。语言学理论包括语义结构、语法规则、语言的数学描述模型等 3 个方面。目前比较成功的语言模型通常是采用统计语法的语言模型与基于规则语法结构命令语言模型。语法结构可以限定不同词之间的相互连接关系,减少了识别系统的搜索空间,这有利于提高系统的识别精度。

## 4.1.6 突出成果

近年来,特别是 2009 年以来,借助机器学习领域深度学习研究的发展,以及大数据语料的积累,语音识别技术得到突飞猛进的发展。

### 1. 技术新发展

目前语音识别技术的新发展包括以下几点。

(1) 将机器学习领域的深度学习研究引入到语音识别声学模型训练中,使用带 RBM 预训练的多层神经网络,极大地提高了声学模型的准确率。在此方面,微软公司的研究人员率先取得了突破性进展,他们使用深层神经网络模型后,语音识别错误率降低了 30%,是近 20 年来语音识别技术方面取得的最快的进步。

(2) 目前大多主流的语音识别解码器已经采用基于有限状态机(WFST)的解码网络,该解码网络可以把语言模型、词典和声学共享音字集统一集成为一个大的解码网络,大大提高了解码的速度,为语音识别的实时应用提供了基础。

(3) 随着互联网的快速发展,以及手机等移动终端的普及应用,目前可以从多个渠道获取大量文本或语音方面的语料,这为语音识别中的语言模型和声学模型的训练提供了丰富的资源,使得构建通用大规模语言模型和声学模型成为可能。在语音识别中,训练数据的匹配和丰富性是推动系统性能提升的最重要因素之一,但是语料的标注和分析需要长期的积累和沉淀,随着大数据时代的来临,大规模语料资源的积累将提到战略高度。

**2. 技术新应用**

近期,语音识别在移动终端上的应用最为火热,语音对话机器人、语音助手、互动工具等层出不穷,许多互联网公司纷纷投入人力、物力和财力展开此方面的研究和应用,目的是通过语音交互的新颖和便利模式迅速占领客户群。目前,国外的应用一直以苹果的 Siri 为龙头。而国内方面,科大讯飞、云知声、盛大、捷通华声、搜狗语音助手、紫冬口译、百度语音等系统都采用了最新的语音识别技术,市面上其他相关的产品也直接或间接地嵌入了类似的技术。

## 4.1.7 语音识别主要的难题和解决方法

语音识别虽然进步飞速,但是存在以下 5 个问题。

(1) 对自然语言的识别和理解。首先必须将连续的讲话分解为词、音素等单位,其次要建立一个理解语义的规则。

(2) 语音信息量大。语音模式不仅对不同的说话人不同,对同一说话人也是不同的,例如,一个说话人在随意说话和认真说话时的语音信息是不同的。一个人的说话方式随着时间、地点等不断变化。

(3) 语音的模糊性。说话者在讲话时,不同的词可能听起来语义是相似的。这在英语和汉语中常见。

(4) 单个字母或词、字的语音特性受上下文的影响,以致改变了重音、音调、音量和发音速度等。

(5) 环境噪声和干扰对语音识别有严重影响,致使识别率降低。

针对以上 5 个问题,出现了很多独辟蹊径的、具有针对性的方法。解决办法分为针对语音特征的方法(以下称特征方法)和模型调整的方法(以下称模型方法)两类。前者需要寻找更好的、高鲁棒性的特征参数,或是在现有的特征参数基础上,加入一些特定的处理方法。后者是利用少量的自适应语料来修正或变换原有的说话人无关(SI)模型,从而使其成为说话人自适应(SA)模型。

说话人自适应的特征方法有说话人归一化和说话人子空间法两种,模型方法有贝叶斯方法、变换法和模型合并法三种。

语音系统中的噪声,包括环境噪声和录音过程加入的电子噪声。提高系统鲁棒性的特征方法包括语音增强和寻找对噪声干扰不敏感的特征,模型方法有并行模型组合PMC法和在训练中人为加入噪声。信道畸变包括录音时话筒的距离、使用不同灵敏度的话筒、不同增益的前置放大和不同的滤波器设计等等。特征方法有从倒谱向量中减去其长时平均值和 RASTA 滤波,模型方法有倒谱平移。

但是,不得不承认,语音识别系统的性能受许多因素的影响,包括不同的说话人、说话方式、环境噪音、传输信道等等。提高系统鲁棒性,是要提高系统克服这些因素影响的能力,使系统在不同的应用环境、条件下的性能保持稳定;采用自适应的方法,根据不同的影响来源,自动地、有针对性地对系统进行调整,在使用中逐步提高性能。

### 4.1.8　语音识别技术的前景与应用

在电话与通信系统中,智能语音接口正在把电话机从一个单纯的服务工具变成一个服务的提供者和生活伙伴;使用电话与通信网络,人们可以通过语音命令方便地从远端的数据库系统中查询与提取有关的信息;随着计算机的小型化,键盘已经成为移动平台的一个很大障碍,想象一下如果手机仅仅只有一个手表那么大,再用键盘进行拨号操作已经是不可能的。语音识别正逐步成为信息技术中人机接口的关键技术,语音识别技术与语音合成技术结合使人们能够甩掉键盘,通过语音命令进行操作。语音技术的应用已经成为一个具有竞争性的新兴高技术产业。

语音识别技术发展到今天,特别是中小词汇量的非特定人语音识别系统,其识别精度已经大于 98%,对特定人语音识别系统的识别精度就更高。这些技术已经能够满足通常应用的要求。由于大规模集成电路技术的发展,这些复杂的语音识别系统也已经完全可以制成专用芯片,并大量生产了。在西方经济发达的国家,大量运用语音识别技术的产品已经进入市场。一些用户交换机、电话机、手机已经包含了语音识别拨号功能,还有语音记事本、语音智能玩具等产品也具有语音识别与语音合成功能。人们可以通过电话网络用语音识别口语对话系统查询有关的机票、旅游、银行信息,并且取得了很好的结果。调查统计表明多达 85% 以上的人对语音识别的信息查询服务系统的性能表示满意。

可以预测在未来的 5~10 年内,语音识别系统的应用将更加广泛。各种各样的语音识别系统产品将出现在市场上。人们也将调整自己的说话方式以适应各种各样的识别系统。在短期内还不可能造出具有和人相比拟的语音识别系统,要建成这样一个系统仍然是人类面临的一个大的挑战,我们只能一步步朝着改进语音识别系统的方向前进。至于什么时候可以建立一个像人一样完善的语音识别系统则是很难预测的。就像在 20 世纪 60 年代,谁又能预测超大规模集成电路技术会对我们今天的社会产生这么大的影响?

# 4.2　人工智能与图像识别

图像识别技术是信息时代的一门重要的技术,其产生的目的是让计算机代替人类去处理大量的物理信息。随着计算机技术的发展,人类对图像识别技术的认识越来越深刻。图像识别技术的过程分为信息的获取、预处理、特征抽取和选择、分类器设计和分类决策。文章简单分析了图像识别技术的引入、其技术原理以及模式识别等,之后介绍了神经网络的图像识别技术和非线性降维的图像识别技术及图像识别技术的应用。从中可以总结出图像处理技术的应用十分广泛,人类的生活将无法离开图像识别技术,研究图像识别技术具有重大意义。

图像识别是人工智能科技的一个重要领域。图像识别的发展经历了三个阶段,即文字识别、数字图像处理与识别、物体识别。图像识别,顾名思义,就是对图像做出各种处理、分析,最终识别我们所要研究的目标。今天所指的图像识别并不仅仅是用人类的肉眼,而是借助计算机技术进行识别。虽然人类的识别能力很强大,但是对于高速发展的社会,人类自身的识别能力已经满足不了我们的需求,于是就产生了基于计算机的图像识别技术。这就像人类研究生物细胞,完全靠肉眼观察细胞是不现实的,这样自然就产生了显微镜等用于精确观测的仪器。通常一个领域存在固有技术无法解决的需求时,就会产生相应的新技术。图像识别技术也是如此,此技术的产生就是为了让计算机代替人类去处理大量的物理信息,解决人类无法识别或者识别率特别低的信息。

## 4.2.1　图像识别技术的原理

其实,图像识别技术背后的原理并不是很难,只是其要处理的信息比较烦琐。计算机的任何处理技术都不是凭空产生的,它都是学者们从生活实践中得到启发并利用程序将其模拟实现的。计算机的图像识别技术和人类的图像识别在原理上并没有本质的区别,只是机器缺少人类在感觉与视觉差上的影响罢了。人类的图像识别也不单单是凭借整个图像存储在脑海中的记忆来识别的,我们识别图像都是依靠图像所具有的本身特征而先将这些图像分了类,然后通过各个类别所具有的特征将图像识别出来的,只是很多时候我们没有意识到这一点。当看到一张图片时,我们的大脑会迅速感应到是否见过此图片或与其相似的图片。其实在"看到"与"感应到"的中间经历了一个迅速识别过程,这个识别的过程和搜索有些类似。在这个过程中,我们的大脑会根据存储记忆中已经分好的类别进行识别,查看是否有与该图像具有相同或类似特征的存储记忆,从而识别出是否见过该图像。机器的图像识别技术也是如此,通过分类并提取重要特征而排除多余的信息来识别图像。机器所提取出的这些特征有时会非常明显,有时又是很普通,这在很大的程度上影响了机器识别的速率。总之,在计算机的视觉识别中,图像的内容通常是用图像特征进行描述。

计算机的图像识别技术就是模拟人类的图像识别过程。在图像识别的过程中进行模式识别是必不可少的。模式识别原本是人类的一项基本智能。但随着计算机的发展和人工智能的兴起,人类本身的模式识别已经满足不了生活的需要,于是人类就希望用计算机来代替或扩展人类的部分脑力劳动。这样计算机的模式识别就产生了。简单地说,模式识别就是对数据进行分类,它是一门与数学紧密结合的科学,其中所用的思想大部分是概率与统计。模式识别主要分为统计模式识别、句法模式识别、模糊模式识别三种。

## 4.2.2 图像识别技术的过程

既然计算机的图像识别技术与人类的图像识别原理相同,那它们的识别过程也是大同小异的。图像识别技术的过程分以下几步,即信息的获取、预处理、特征抽取和选择、分类器设计和分类决策。

(1) 信息的获取是指通过传感器,将光或声音等信息转化为电信息。也就是获取研究对象的基本信息并通过某种方法将其转变为机器能够认识的信息。

(2) 预处理主要是指图像处理中的去噪、平滑、变换等操作,从而增强图像的重要特征。

(3) 特征抽取和选择是指在模式识别中,需要进行特征的抽取和选择。简单的理解就是我们所研究的图像是各式各样的,如果要利用某种方法将它们区分开,就要通过这些图像本身所具有的特征来识别,而获取这些特征的过程就是特征抽取。在特征抽取中所得到的特征也许对此次识别并不都是有用的,这个时候就要提取有用的特征,这就是特征的选择。特征抽取和选择在图像识别过程中是非常关键的技术之一,所以对这一步的理解是图像识别的重点。

(4) 分类器设计是指通过训练而得到一种识别规则,通过此识别规则可以得到一种特征分类,使图像识别技术能够达到高识别率。

（5）分类决策是指在特征空间中对被识别对象进行分类，从而更好地识别所研究的对象具体属于哪一类。

### 4.2.3 图像识别技术的分析

随着计算机技术的迅速发展和科技的不断进步，图像识别技术已经在众多领域中得到了广泛应用。2015 年 2 月 15 日新浪科技发布了一条新闻"微软最近公布了一篇关于图像识别的研究论文，在一项图像识别的基准测试中，电脑系统识别能力已经超越了人类。人类在归类数据库 ImageNet 中的图像识别错误率为 9.6%，而微软研究小组的这个深度学习系统可以达到 4.4% 的错误率"。从这则新闻中我们可以看出图像识别技术在图像识别方面已经有要超越人类的趋势。这也说明未来图像识别技术有更大的研究意义与潜力。而且，计算机在很多方面确实具有人类所无法超越的优势，也正是因为这样，图像识别技术才能为人类社会带来更多的应用。具体来说，有以下 3 种常用的图像识别技术。

**1. 神经网络的图像识别技术**

神经网络图像识别技术是一种比较新型的图像识别技术，是在传统的图像识别方法基础上融合神经网络算法的一种图像识别方法。这里的神经网络是指人工神经网络，也就是说这种神经网络并不是动物本身所具有的真正的神经网络，而是人类模仿动物神经网络后人工生成的。在神经网络图像识别技术中，遗传算法与 BP 网络相融合的神经网络图像识别模型是非常经典的，在很多领域都有它的应用。在图像识别系统中利用神经网络系统，一般会先提取图像的特征，再将图像所具有的特征映射到神经网络进行图像识别分类。以汽车拍照自动识别技术为例，当汽车通过的时候，汽车自身具有的检测设备会有所感应。此时检测设备就会启用图像采集装置来获取汽车正反面的图像。获取了图像后必须将图像上传到计算机进行保存以便识别。最后车牌定位模块就会提取车牌信息，对车牌上的字符进行识别并显示最终的结果。在对车牌上的字符进行识别的过程中就用到了基于模板匹配算法和基于人工神经网络算法。

**2. 非线性降维的图像识别技术**

计算机的图像识别技术是一个异常高维的识别技术。不管图像本身的分辨率如何，其产生的数据经常是多维性的，这给计算机的识别带来了非常大的困难。想让计算机具有高效的识别能力，最直接有效的方法就是降维。降维分为线性降维和非线性降维。例如主成分分析（Principal Component Analysis，PCA）和线性奇异分析等就是常见的线性降维方法,它们的特点是简单、易于理解。但是通过线性降维处理的是整体的数据集合,所求的是整个数据集合的最优低维投影。经过验证,这种线性的降维策略计算复杂度高而且会占用相对较多的时间和空间,因此就产生了基于非线性降维的图像识别技术,它是一种极其有效的非线性特征提取方法。此技术可以发现图像的非线性结构而且可以在不破坏其本征结构的基础上对其进行降维,使计算机的图像识别在尽量低的维度上进行,这样就提高了识别速率。例如人脸图像识别系统所需的维数通常很高,其复杂度之高对计算机来说无疑是巨大的"灾难"。由于在高维度空间中人脸图像是不均匀分布的,这就使得人类可以通过非线性降维技术来得到分布紧凑的人脸图像,从而提高人脸识别技术的高效性。

### 4.2.4 图像识别技术的应用以及前景分析

计算机的图像识别技术在公共安全、生物、工业、农业、交通、医疗等很多领域都有应用。例如交通方面的车牌识别系统;公共安全方面的人脸识别技术、指纹识别技术;农业方面的种子识别技术、食品品质检测技术;医学方面的心电图识别技术等。随着计算机技术的不断发展,图像识别技术也在不断地优化,其算法也在不断地改进。图像是人类获取和交换信息的主要来源,因此与图像相关的图像识别技术也必定是未来的研究重点。以后计算机的图像识别技术很有可能在更多的领域崭露头角,它的应用前景也是不可限量的,人类的生活也将更加离不开图像识别技术。

**1. 案例分析 1:车辆信息识别**

随着时代的进步和经济的发展,汽车已经成为人们出行普遍使用的交通工具。为了发展智能交通系统,高效合理的对车辆进行管理,获取车辆真实信息,防止套牌、非法改装等违法现象,车牌、车标、车色、车型等信息识别技术至关重要。图像识别是指图形刺激作用于感觉器官,人们辨认出它是见过的某一图形的过程,也叫作图像再认。在图像识别中,既要有当时进入感官的信息,也要有记忆中存储的信息。只有通过存储的信息与当前的信息进行比较的过程,才能实现对图像的再识别。

图像识别技术是以图像的主要特征为基础的。每个图像都有它的特征,如字母 A 有个尖,字母 P 有个圈、而字母 Y 的中心有个锐角等。对图像识别时眼动的研究表明,视线总是集中在图像的主要特征上,也就是集中在图像轮廓曲度最大或轮廓方向突然改变的地方,这些地方的信息量最大。而且眼睛的扫描路线也总是依次从一个特征转到另一个特征上。由此可见,在图像识别过程中,知觉机制必须排除输入的多余信息,抽出关键的信息。同时,在大脑里必定有一个负责整合信息的机制,它能把分阶段获得的信息整理成一个完整的知觉映像。

在人类图像识别系统中,对复杂图像的识别往往要通过不同层次的信息加工才能实现。对于熟悉的图形,由于掌握了它的主要特征,就会把它当作一个单元来识别,而不再注意其他的细节了。这种由孤立的单元材料组成的整体单位叫作组块,每一个组块是同时被感知的。在文字材料的识别中,人们不仅可以把一个汉字的笔画或偏旁等单元组成一个组块,而且能把经常在一起出现的字或词组成组块单位来加以识别。

图像识别技术是人工智能的一个重要领域。为了编制模拟人类图像识别活动的计算机程序,人们提出了不同的图像识别模型。例如模板匹配模型。这种模型认为,识别某个图像,必须在过去的经验中有这个图像的记忆模式,又叫模板。当前的刺激如果能与大脑中的模板相匹配,这个图像也就被识别了。例如有一个字母A,如果在脑中有个A模板,字母A的大小、方位、形状都与这个A模板完全一致,字母A就被识别了。这个模型简单明了,也容易得到实际应用。但这种模型强调图像必须与脑中的模板完全符合才能加以识别,而事实上人不仅能识别与脑中的模板完全一致的图像,也能识别与模板不完全一致的图像。例如,人们不仅能识别某一个具体的字母A,也能识别印刷体的、手写体的、方向不正、大小不同的各种字母A。同时,人能识别的图像是大量的,如果所识别的每一个图像在脑中都有一个相应的模板,也是不可能的。

为了解决模板匹配模型存在的问题,格式塔心理学家又提出了一个原型匹配模型。这种模型认为,在长时记忆中存储的并不是所要识别的无数个模板,而是图像的某些相似性。从图像中抽象出来的相似性就可作为原型,拿它来检验所要识别的图像。如果能找到一个相似的原型,这个图像也就被识别了。这种模型从神经上和记忆探寻的过程上来看,都比模板匹配模型更适宜,而且还能说明对一些不规则的,但某些方面与原型相似的图像的识别。但是,这种模型没有说明人是怎样对相似的刺激进行辨别和加工的,它也难以在计算机程序中得到实现。

**2. 案例分析 2:手写体汉字识别**

计算机字体识别,俗称光学字体识别(Optical Character Recognition,OCR),是指通过计算机技术及光学技术对印刷或书写的文字进行自动识别,达到认知的目的,是实现文字高速自动录入的一项关键技术。到目前为止,汉字 OCR 是模式识别技术的一个分支,其主要目的是将汉字(手写体与印刷体)自动读入计算机。而手写文字识别技术,是指通过计算机来识别手写文字的一种识别文字的技术。近年来脱机手写体汉字的识别已经有了很大的发展。但是由于受手写体汉字书写风格因人而异等因素的影响,使得脱机手写体汉字识别难以接近人类识别汉字的准确性、灵活性和容错性。现有的算法各有各的优势,但是多数算法集中于单个汉字的识别,对于全局的掌控较弱。从人工智能的角度出发,研究人们识别手写体汉字时候的思路,然后就这种思路来改进现有的算法,提高手写体汉字的识别率是很好的一个方向。

OCR 概念的诞生,要早于计算机的问世。早期的 OCR 多以文字的识别方法研究为主,识别的文字当时仅为 0~9 这几个数字。后来随着计算机的出现和发展,OCR 研究才在全球范围内广泛研究和发展。OCR 发展至今,可分为三个阶段。

第一代 OCR 产品出现于 20 世纪 60 年代初期,在此期间,IBM 公司、NCR 等公司分别研制出了自己的 OCR 软件,最早的 OCR 产品应该是 IBM 公司的 IBM1418。它们只能识别印刷体的数字、英文字母及部分符号,而且都是指定的字体。20 世纪 60 年代末,日立公司和富士通公司也研制出了各自的 OCR 产品。

第二代 OCR 系统是基于手写体字符的识别,前期只限于手写体数字,从时间上来看,是 20 世纪 60 年代中期到 70 年代初期。1965 年 IBM 公司研发出 IBM1287,并在纽约世界博览会上展出,开始能识别印刷体数字、英文字母及部分简单的符号。第一个实现信函自动分拣系统的是东芝公司,两年后 NEC 公司也推出了这样的系统,到 1974 年,识别系统的分拣率达到 92%~93%。

第三代 OCR 系统要解决的技术问题是对于质量较差的文稿及大字符集的识别,例如汉字的识别。1966 年,IBM 公司开发的 OCR 系统利用简单的模板匹配法识别了1000 个复杂的印刷体汉字,到了 1977 年,东芝公司又研制出可识别 2000 多个印刷体汉字的单字汉字识别系统。

我国在 OCR 的研究方面起步相对较晚,20 世纪 70 年代开始进行数字、英文及符号的识别研究,70 年代末开始进行汉字的研究,到 1986 年,汉字的识别进入了一个具有成果性的阶段,不少单位推出了中文 OCR 产品。到目前为止,印刷体汉字的识别率达到了 98% 以上,手写体的识别率也在 70% 以上,并且可对多种字体、不同字号混排识别,国家"863"计划对该方面的研究给予了很大的资助。目前,我国正在争取实现 OCR 产品识别精度更高、识别速度更快,能同时支持单机和网络操作,使得使用更方便,应用更广泛,达到不同用户的使用要求。

1) 汉字的识别方法

对于文字的识别,从文字类型上划分,通常分为印刷体文字的识别和手写体文字的识别;从识别的方式划分,通常分为在线识别和脱机识别。由于印刷体与手写体的文字特征差异较大,所以在软件识别上,其处理方法是不同的。图 4-2 描述了文字识别系统的组成。

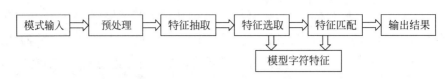

图 4-2　文字识别系统组成图

字识别的特征提取通常有两类，一是将汉字图像进行统计计算后得到的数量特征，比如将图像向多个方向投影，以投影后的像素密度作为特征；二是将汉字的笔画分解，根据对汉字结构的认识提取有效的特征点，再编码成数字特征。在提取特征以后，每个字就成了一个由特征向量代表的样本，识别一个字就是要在所有可能的字中判断当前的样本是哪个字，属于多类分类问题。分类器的建立除了要利用样本训练，还需要结合对文字结构的认识（比如旋转和尺度不变性）才能得到更好的识别效果。与语音识别类似，OCR 在单字识别后往往还需要根据语言模型进行上下文匹配等处理后，才能达到更理想的效果。而在单字识别前，对扫描稿件的版面分析、字符分隔等是重要的预处理步骤。与离线的手写文稿识别相比，联机的手写文字识别能有效地提取和利用笔画信息，因而可以取得更好的识别效果，目前已经发展为很多手机和掌上计算机的基本配置。这两种提取特征的方法衍生出了许多的算法，并且它们发展至今已经有较好的识字率。

2）从人工智能看手写体汉字识别

从人工智能的角度出发，我们首先不必、不应该纠结于每一个字的识别。应该从人识别汉字的思路来加强现有的算法。本文重点就从人识别汉字时从整体到局部、再从局部到整体的思路来说明这种识别手写体汉字的思想。如图 4-3 所示的汉字，与平常的手写体汉字的复杂环境有一定的相似性。

图 4-3　汉字体的错别字

对于一个普通人而言，能很快地识别出其中的内容为"身体不适"。同样我们也能很快地识别出其中的"生"是错别字。人眼在识别汉字的时候，首先找到整个文字的区域，一般不会把上述分栏中的某一栏作为文字识别的主要区域。所以提高识别率的第一步就是用更加贴近人类思维的算法来解决纯文字的版面分析问题。在我看来，所有文字的分布区域可以从字符的密度、边界以及用现有的文字方法识别出的文字之间的词语组成关系、句子组成关系等来确定,同时在区域之内用同样的方法识别出每一个相对独立的文字块。识别出文字块之后,再进行每一个文字块中文字排列方式的判断。现有的识别算法对于文字排列方式的判断可以说是个弱点,很多算法在这方面的功能都十分弱。

从人工智能的角度出发,人在确定当前文字的区域之后,首要的并非立刻按行或者按列进行阅读,而是要找到当前文字排列的规律。在具体的特征处理方面,按照某一个方向进行投影的方式是不会有非常好的效果的,要想得到更高的识别率,可以从文字本身的二维性出发。首先应该通过密度和空格等判断每一个汉字所在的位置;其次用现有的方法进行一个初步的汉字识别,同时记录下当前所有的汉字以及它们具有的位置关系;最后在各个方向上,按照次序依次尝试将汉字以及它周围的汉字组成词组或句子。当然,尝试的方向可以有优先顺序,同时可以具有适宜的数量,比如先进行行识别,再进行列识别,然后进行其他方向的识别。最后根据对组成的词句的数量以及质量的判断来确定当前的文字是行排列、列排列还是其他方式的排列,当然也可以结合用户手动指定排列方式的方法。而词句的质量可以由该词句的使用频率来判断。

同时通过汉字之间的位置关系可以将同一行的汉字识别出来。如果将每一列的汉字进行排序,也就是具有相同行号的每一列的汉字就在同一行。

当然在进行汉字行列判断的时候一定会碰到部分"连体"汉字的情况,如何识别,或者说区分也是一个重要的问题。在这里,人眼识别汉字的时候更多的是一种综合性的识别,而不是仅仅通过笔画或者各个组成部分之间的大小等等来判断一个汉字的。所以这里也许可以首先判断这一个"连体"的部分究竟有多少个汉字。这一点可以通过其他汉字的大小、空格关系以及它们与当前所在行或者列的词句的组成关系来确定。

在确定了多少个汉字之后,再根据汉字笔画的趋势、空白部分和书写部分的关系、各个笔画相对位置的关系、笔画密度点的关系、汉字和他们整体块大小的关系以及它们通过其他词句确定的部分词组关系来确定这"连体"的汉字。

最后,在这些识别的过程之后一定要将汉字本身的发音相似和形体相似考虑进去,如在当前的识别中未发现与当前可能词组匹配度足够高的汉字或者是未发现和此句子匹配度足够高的词组,那么就可以考虑发音相似和形体相似的汉字。

最后,本文的各种思想也许并不是很完善,但是未来的模式识别不仅仅是简单的识别,从人工智能的角度出发来改进手写体识别的算法,必定是未来的一个方向。

### 4.2.5 展望

实验表明,人类日常生活中,50%以上的信息量来源于眼睛捕捉的周围环境的图像,人眼可以快速捕捉到图像中感兴趣的信息,而对于计算机来说,一幅图像仅仅是杂乱的数据,如何让计算机像人眼一样快速读取图像中的信息并进行分类及检索等相应处理,多年来一直是计算机视觉和模式识别研究者们探索的问题。如果能很好地解决这些问题,能给工业生产及国防科技带来巨大的改进。图像是信息存储和传递的重要载体。在很多由摄像设备拍摄的图片中,都存在大量的信息,比如路牌、店名、车站牌、商品简介等,识别图片对计算机理解图像的整体内容有非常重大的作用。如何将图片中的各式各样的信息抽象出来形成具有完整语义的信息,再将其表达出来用于信息传递,从而辅助人类的生产和生活是研究计算机视觉的学者们多年来一直致力于解决的问题。研究如何对自然场景图片中的字符进行识别,并提取出有用信息,在获取图片文本信息的各个领域都有极大的商业价值。

## 4.3 人工智能与图像压缩

随着计算机技术和互联网的迅速发展,图像、声音等媒体信息的记录、存储、传输等已经实现了数字化。但这些多媒体信息数字化后的数据量相当庞大,给存储器的存储容量、通信线路的带宽及计算机的处理速度带来了很大的压力。显然解决这个问题不能单靠增加存储器的容量、通信信道的带宽及提高计算机的运算速度,而是要采用高效的压缩编码技术。

经过几十年的研究,图像压缩领域产生了一些很成熟的技术,如离散余弦变换、哈夫曼(Huffman)编码、线性预测编码、运动补偿等。在此基础上,国际标准组织制定了一系列图像压缩标准,包括静态图像压缩标准和动态图像压缩标准。此后又产生了许多先进的压缩技术,如小波变换、分形编码等,大大提高了图像信息的压缩比,使得图形、图像、声音、视频等多媒体信息的存储和高速传输成为可能。在图像压缩领域,人们采用的编码技术应在图像质量尽可能高的情况下得到很高的压缩比,以使图像能够在有限的资源上存储和传输。下面介绍一些当前静态图像压缩的国际标准和技术。

图像压缩技术的目的是要去除图像中的冗余信息,减少表示图像所需的二进制位的数量。图像压缩的算法有很多,主要分为无损压缩和有损压缩两种。无损压缩是一种理想的压缩,解压缩后的图像中每个像素都与原图像中对应像素的数值相等,无信息丢失。有损压缩又称不可逆转的压缩,解压缩后的图像中的每个像素与原图像中的对应位置的像素并不相同,图像质量比原来下降了,而且压缩比越高,图像的失真越大。数字图像压缩格式的通用标准,已由一些国际标准组织如国际标准化组织(International Standard Organization,ISO)、国际电信联合会(International Telecommunication Union,ITU)、国际电工委员会(International Electro-technical Committee,IEC)联合制定。

### 4.3.1 静态图像压缩技术

图 4-4 所示为图像压缩技术的示例。在任何数据压缩算法中,最重要的指标就是压缩率(满足一定失真率)。目前众多的静态图像高压缩率方法可分以下三类,即波形(waveform)技术、第二代(second generation)编码技术、分形(fractal)编码技术。每种编码方法在最终的数据比特流中都引入了不同的衍生物。目前,这一领域大多数研究的主要目的是尽可能地使这些衍生物与人的视觉系统相吻合。

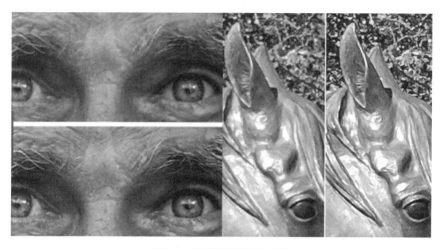

图 4-4　图像压缩技术示例

#### 1. 波形编码技术

静止图像编码技术的第一类是波形编码,由变换和子带编码组成(包括小波变换)。这些技术根据图像中像素的统计模型进行编码。此类方法的基元是独立的像素或是像素块(或者是它们的变换形式),它们构成待编码的信息。可大致分成预测编码、变换编码两类。预测编码通过预测每个像素的值和对预测值的误差编码来降低图像中像素的空间相关性。变换编码系统由下列几部分组成,分别为图像的分解/变换、结果系数的量化、量化系数的重新排列和指定码字。变换编码的第一步是将图像变化

人工智能的实例应用

成能量相对集中的一种表示方式,最通用的是属于金字塔族或子带分解方案的线性变换。子带编码是用一组带通滤波器将信号分解成子带信号,加上关键的子抽样。子带分解的特例就是基于块的线性编码,其中最著名的就是离散余弦变换(DCT)。这种方法在压缩比较低,如小于 20 时,能得到较好的图像质量(如 JPEG),在压缩比达到 30～40 时,出现较强的块效应,因此此方法不适合于高压缩比的图像压缩。近年来广泛研究的小波分解是子带的一个子集,它为图像提供了一种多分辨率表示方法,但这类方法在压缩比达到约 50% 时,会出现线性滤波器固有的振铃效应。量化是所有压缩方法中举足轻重的一步。其作用是将变换后连续的变换系统映射成有限数据的集合。量化可以分成标量量化和向量量化。标量量化又可分成均匀量化、非均匀量化和视觉量化。视觉量化是在量化过程中考虑人的视觉对不同频段的敏感程度不同的特性,在高频段采用较大的量化步长。向量量化是一种图像块编码方法,其过程是将向量映射到预先定义好的码书中。因此码书在向量量化中有很重要的作用。码书的选取应考虑待量化数据的统计特性。当前向量量化研究较多,效果较好的方法有自适应向量量化、矩阵向量量化、视觉向量量化等。向量量化从理论上讲优于标量量化,但实现时计算费用太大,与其他方法相结合或用硬件来实现是其今后的发展方向。非零系数的重新排列,可以减少非零系数编码的码字,尤其在高压缩比的子带编码方法(压缩比大于 50)中极具研究价值。

### 2. 第二代编码技术

第二代编码技术也称为结构编码(structure coding)。第二代编码技术充分考虑了人类视觉的生理、心理特点,而不仅仅局限于信息论基础,因此能获得较高的压缩比。其原理是根据有意义的视觉基元(比如轮廓、纹理)来描述图像。第二代编码技术可分成方向性分解技术和面向轮廓/特征技术两类。方向性分解的图像编码,其侧重点在于将原始图像在频域内做多层分解,然后再有选择地加以编码。对图像进行方向分解的主要目的是能更准确、更有效地检测和表示图像的边缘信息,从而对图像进行恰当的分离和编码。面向轮廓/特征技术,即基于区域分解和合成的编码方法的基本思想是,根据视觉系统对不同区域的不同特性,先将图像中的主要特征进行特征提取,再对特征进行相应的编码。已有一些相关的编码方法,由于较好地保存了图像中的边缘轮廓信息(如区域信息、纹理信息、骨架信息),在压缩比较高时,图像质量仍然较好。

### 3. 分形编码技术

20 世纪 80 年代末,产生了分形编码技术。分形编码研究者发现只用很简单的迭代函数系数(Iterated Function Systems,IFS)编码就可以生成与自然景物相似的具有无限细节的复杂集合,IFS 变换描述了整体图像与其部分之间的联系。分形编码根据具体的实现方法,也可划分为波形技术或第二代编码技术的一个子类。

IFS 方法将图像表示成一个变换集,它从任意初始图像进行迭代都可收敛于最终图像。1988 年又产生了局部 IFS(Local IFS,LIFS)理论,解决了部分与整体不具自相识性图像的应用问题。但这些应用都是给定一个 IFS 产生与其相应的图像。由给定图像(或近似图像)寻找 IFS 的问题至今还未解决。随后许多学者的研究表明,分形图像编码技术在压缩比较高(如 70～80 时),仍具有很好的图像质量,主要问题是图像编码阶段的复杂性较高。目前对分形技术的研究主要集中在分形技术的改进、分形技术和其他压缩技术(如小波技术)的混合编码、分形反问题及分形收敛性问题等方面。分形压缩编码由于缺少比较合理的信息论的理论指导,进展比较缓慢。对分形编码进行更深入的理论探讨,包括分形机理的研究等是当前所面临最迫切的问题。

由于成像和数字摄影技术的进步,高压缩比的静态图像压缩技术受到越来越多的重视。目前新的静态图像压缩标准 JPEG2000 的压缩比为 2∶50,是应用于不同类型(二值图像、灰度图像、彩色图像、多分量图像等)、不同性质(自然图像、科学、医学、遥感图像、文本及绘制形等)及不同成像模型(客户机/服务器、实时传送、图像图书馆检索、有限缓存和带宽资源等)的统一图像编码系统。JPEG2000 编码系统采用小波变换编码技术,在保证失真率和主观图像质量优于现有标准 JPEG 的条件下,能够提供对图像的低码率的压缩。所以,今后高压缩比的静态图像压缩技术仍将是人们研究的重点,并将对人们的生活产生极大的影响。可以预见,未来的图像压缩技术将会在以下三个方面提升,分别是压缩比要大;实现压缩的算法要简单,就是速度快;恢复效果要好,要尽可能地完全恢复原始数据。

## 4.3.2 图像质量评价

虽然图像质量评估这个话题已经有四十多年的历史了,但是直到现在,关于这个话题的报道还是相对较少。当然,这种省略并不是因为缺乏需求或缺乏兴趣,而是因为大多数图像处理算法和设备实际上都致力于维护或提高人类视觉消费中数字图像的视觉质量。传统上,图像质量是由人来评价的。这种方法虽然可靠,但对于实际应用来说代价昂贵且速度太慢。所以这里只讨论客观的图像质量评估,其中的目标是为客观图像质量评估领域提供自动预测的计算模型,第一个值得注意的工作是 Mannosand Sakrison 的工作[1],他们提出了考虑人类视觉的图像质量标准灵敏度作为空间频率的函数。其他重要的技术工作也被记录在《纽约时报》中。然而尽管它很重要,直到最近几年,图像质量评估领域才得到相对较少的关注。事实上,图像质量评估一直以来都是一个矛盾的问题,不仅是图像处理工程师和视觉科学家的圣杯,而且还是一个无人区的研究和开发工作。最近的一个网络搜索显示,关于"图像恢复"的文章数量是"图像质量评估"类文章的 100 倍,关于"图像增强"的文章数量是"图像质量评估"类文章的近 400 倍。为什么会出现这种差异?原因就是质量评估应该是开发、存储和增强算法所必需的。图像质量主、客观评价的比较如表 4-1 所示。

**表 4-1　主观和客观评价比较**

| 主、客观评价 | 基 本 路 线 | | 主 要 特 点 |
| --- | --- | --- | --- |
| 主观评价 | 代表性的是连续双刺激质量尺度法 | | 主观感知、具有视觉心理经验支撑;受心理因素影响。样本集需充分、全面 |
| 客观评价 | 全参考 | 完整的原始图像 | 获得完美的原始图像是评价的关键,图像质量的下降与误差信号的强弱有关。难度低,评价效果最优 |
| | 半参考 | 部分原始图像 | 评价方法的核心在于如何选取有效的特征参数来表征原始图像。也称质降参考 |
| | 无参考 | 无原始图像 | 最为客观,是图像质量评价的发展方向,难度最大 |

**1. 人眼视觉系统与图像质量评价**

人类视觉存在诸多特性,如多通道间不同激励的多通道特性、双目掩蔽效应或立体掩蔽效应(包括空间域/时间域和彩色)、对比度敏感特性等。其中,人眼对于亮度敏感且敏感于色度、左右眼接收信息不对等(普遍的以右眼为主,决定立体图像质量)、视觉的层次感以及三基色原理等切身感的实验证明了以上各点。任何人眼视觉系统(Human Visual System,HVS)特性都是非线性的,即对图像的认知是非均匀的,且HVS 也存在个体差异,难以用精确的数学表达式刻画。因此,无论是平面图像质量评价,还是立体图像质量评价,都要紧密结合 HVS 特点,所做的复杂的评价工作才能具有现实意义。

**2. 图像质量评价的主要技术参数**

图像质量评价的主要技术参数包括以下部分。

(1)峰值信噪比(Peak Signal-to-Noise Ratio,PSNR)能够准确地评价同一个视点编码前后的图像质量关系,算法简单,物理意义明晰易实现,对评价传统的平面图像质量具有一定的指导意义,但该算法认为各个空间和时间位置上的本地失真对图像总体质量的贡献相同,故与主观视频质量的吻合较差。其实质是忽视了图像内容和像素间的关系对人眼感知的影响,导致客观评价结果与主观感知不一致[2]。

(2)线性相关系数(Linear Correlation Coeffiecient,LCC)反映了客观评价模型预

测的精确性,其取值为[−1,1],其绝对值越接近于1,表明主客观评价间的相关性越好。

(3) Spearman 等级相关系数 SROCC 衡量客观模型的单调性,其取值为[−1,1],其绝对值越接近于1,表明客观模型预测值和主观评分差值之间的单调性越好。

(4) 离出率反映客观评价的一致性,数值越小则表明模型预测越好。一般是通过主客观所得数据的非线性拟合后处于误差大于标准差2倍的比例而得。

(5) 均方根误差(Root Mean Squared Error,RMSE)表征数据的离散程度,是通过主客观所得数据的非线性拟合后所得误差计算而得,以 RMSE 来对客观模型的准确性进行度量,其值越小,表明客观评价算法对主观评分值的预测越准确,模型的性能越好,反之越差。原始图像的 RMSE 为0,即用 RMSE 表征评价的一致性。因为在理想情况下,失真图像的主观评价值与客观模型预测值呈现简单的线性关系。

本质上,无论何种评价算法,评价的只是图像相对于原始图像的失真程度,而非待评图像的真正质量,因为图像质量与图像的保真度没有必然的联系。此外,还有"熵""同质性"等参量,但在实际应用中,以 CC、SROCC、OR 和 RMSE 等4个指标最为普遍,不同的评价算法其具体表达式有所差异,且有的情况下4个参数也不全要。

### 4.3.3　智能图像压缩与质量评价的未来展望

本节有三个目的,一是介绍图像质量评估的基本原理,并解释相关的工程问题;二是通过描述在不同假设下解决这些工程问题的领先算法,对当前图像质量评估的最新技术进行广泛的讨论,我们根据现有的关于真实或未失真图像的知识、失真的形式以及所使用的人类视觉的知识,对这些算法进行了分类;三是为未来的研究提供新的方向,通过引入最近的模型和范例,产生了非常好的结果,这些模型和范例与过去使用的模型和范例有显著的不同,并且在概念上仍然足够新,通过进一步的研究,它们可能会得到显著的改进。

特殊的读写权限通知缺少几个相关的主题,其中重要的一点是颜色图像的平等评估和视频[3]。我们没有讨论彩色图像,因为任何此类讨论都需要一个接近书籍长度的颜色空间、色彩渲染和显示,以及色彩感知。视频质量评估仍然处于早期阶段,主要瓶颈是因为图像失真和人类对移动图像的感知的模型化处在一个初级的阶段。然而,鉴于数字电视、互联网和新兴的数字电影领域中流媒体视频的普遍性,视频质量评估是一个非常重要的研究方向。可以预计,人工智能在不久的将来将为视频质量评估领域提供大量的可行性方案。

通过对平面及立体图像质量进行有效的评价,可以对现有的图像获取方式、编码算法以及传输系统进一步优化、调整,以求获得更加贴切 HVS 的图像质量,同时促进人类感知研究。图像质量评价是一个跨学科的综合性复杂课题。鉴于人眼 HVS 特性复杂多元,现有的各类评价方法更多的是侧重 HVS 中的某一特性,导致目前所有的评价基于理论研究,尚没有一个评价方法成为权威,推广到其他行业软件之中应用的突破,所以建立一个长效的图像质量评价机制具有重要的现实意义[4]。

综上所述,未来图像质量评价应注重以下几点。

(1) 无参图像质量评价是目前国内外研究热点,以有参评价结果作为无参评价结果的依据。其中平面图像质量评价在结合 HVS 的视觉感知以及图像结构化分析取得长足进展,将其先进算法借鉴到立体图像质量的评价中,尽管目前多数无参图像质量评价方法适应面有限。

(2) 图像质量评价的实质就是在像素域和变换域(压缩域)结合 HVS 评价图像,边缘信息是图像结构中的关键信息。平面图像质量在算法上侧重中低频分量作为结构信息获取的依据,中频分量体现图像边缘的基本结构,且基于误差灵敏度的评价方法结合改进型的 SSIM 算法是值得研究的平面图像质量评价方法;立体图像评价除了结合 HVS 外,突出主要视点与空间频率及其视觉感知、视觉冗余的同时,中低频和高频(深度图像的边缘)也需综合考量,即既要考虑立体图像质量失真程度的左右视点图像质量,又要考虑立体深度感畸变情况的深度感知质量[5]。

(3) 特征提取与特征选择相结合,既要准确刻画图像的状态特征,又能找出符合 HVS 诸多特性的特征,是算法的新突破。随着未来新技术的发展,在追求高性能和平衡复杂性方面,前者应该占上风[6]。在深入研究并拟合 HVS 的基础上,可以考虑诸如小波分析、神经网络以及支持向量回归的奇异值分解等新算法的融合,以求获得更大的应用范围。

(4) 2D 与 3D 图像存在天然的联系,目前 3D 图像质量诸评价方法均存在已有的某类 2D 图像质量评价法的痕迹,因此对已有评价成果优化组合,提炼推出更优的、平面的全参考图像质量评价技术最为成熟,可以先在诸如 H.264、JPEG2000 等先进标准的应用上,推广其评价应用软件。多媒体数字通信的需求,对于视频图像的质量评价就要更加复杂化,既要考虑结构相似性,也要考虑运动变化、彩色空间等因素,可以先平面后立体(视频)地评价[7]。

(5) 不同的编码方法、不同传输方式有不同的失真特点,不可能找到绝对通用的图像质量评价方法,况且 HVS 也存在个体差异,可以结合 HVS、主观感知等特性,融合主客观结合的评价算法。目前的评价方法各有其优劣,在性能上有进一步提升的空间。不求绝对的精确解,但可寻求最佳解,得到具有较大的 CC、SROCC 和较小的 RMSE 且具有一定的较大普适性的评价结果,也即终究得到与人眼感知基本一致的平面/立体图像质量评价方法,推出较为广泛的应用软件平台[8]。

# 4.4　人工智能与仿生视觉注意力

仿生视觉注意力的建模已经是一个非常活跃的研究领域。现在有很多不同的模型,除了给其他领域带来理论贡献以外,已经在计算机视觉、移动机器人和认知系统成功展示出的应用。这里我们从生物视觉启发性的角度展开进一步的深入研究和开发。视觉注意力建模的核心要素是根据在不同自然场景下受试者注意力的区分与比较,通过计算机视觉特征的分析,重点探究视觉注意力的底层生物机理以及仿生模拟,强调计算机视觉特征和生物视觉特征两者的融合与竞争,最终构建一个基于多模态的视觉注意力智能平台。

## 4.4.1　仿生视觉注意力模型的主要类型

### 1. 基于生物启发性的视觉注意力的核心机制

每秒钟有大量的视觉信息进入人或者灵长类动物的眼睛[9]。如果没有一个智慧的机制来滤除视觉数据中的错误数据,实时处理这些数据将是一件非常复杂的事情。高层次的认知和复杂处理,比如物体认知或者场景理解,都依赖这些注意力机制来滤除视觉中的错误数据[10]。我们所指的这个机制就是视觉注意力内在机制,其核心在于选择机制的思想以及相关的概念。对人类来说,注意力通过进化为高分辨率的中央凹的视网膜和一个低分辨率的周围区域实现[11]。尽管视觉注意力将这些解剖学组织指向场景中的重要部分来采集更具体的信息,主要问题是基于这个指向的计算机制。

### 2. 基于生物视觉的视觉注意力的核心竞争力

人类视觉系统在处理复杂的动态场景时,有效的注意力机制可以选择最相关的线索。但是,人工智能下的计算机视觉系统在提取丰富的视觉线索之前,往往要与大量的输入视觉特征作斗争,核心难点是其在自然环境变化下对运动线索处理能力的不足[12]。建立与人类视觉注意力系统相似的注意力模型对于计算机视觉和机器智能的发展是非常有益的;同时,由于人脑的复杂性和对人类注意力系统机制的理解有限,这一直是一项具有挑战性的任务。然而,在自然场景下,人类可以在短时间内获得最重要的视觉线索,而目前的计算模型需要大量的先验知识、深度训练包括后期的视觉线索加工才能获得有效的信息,很显然,基于生物视觉启发性的工作十分具有借鉴意义。

**3. 基于生物视觉的视觉注意力的建模特点**

人类视觉注意系统是一个高度复杂的系统,很难清楚地了解大脑的结构并定义视觉皮层中每个神经元的功能,准确分析人类视觉注意系统背后的潜在机制可能需要几年甚至更长的时间。基于生物启发的视觉注意系统建模为基础研究提供了便利,然而,在建模过程中并不需要将所有的潜在机制都反映出来,而是通过神经网络的模块化以及合理的数学模型来分析和模拟人的视觉注意,并且整合更高的认知过程,如长期记忆和短期记忆之间的结合与竞争,可以做到进一步强化动态场景下的视觉注意系统。以此为特点的注意力模型还可以与其他类型的神经元相结合,以感知现实世界中复杂的运动模式。第一个完整的注意力模型实现以及验证是由 Itti 等提出[13],该模型被广泛应用于人造场景和自然场景。从此以后,这个领域受到持续的关注。各种各样的基于不同对注意力模型的假设方法不断涌现出来,并在不同的数据库上进行了验证。在接下来的章节中,我们将从两个不同的角度去分析量化视觉注意力模型。

## 4.4.2 视觉注意力模型的发展近况

基于生物视觉启发性的注意力模型在近年来受到持续的关注[14-21],其核心在基于生物视觉的合理性可以解释诸如注意力的转移和变化等,例如,视觉注意力是一个宽泛概念,覆盖了影响选择机制的各个方面,无论是场景驱动的自下而上的机制或者是预期驱动的自上而下机制。而显著性(saliency)直觉上刻画了场景的一些部分,可能是物体或者区域,这些部分相对它们的邻近区域更加突出。同时,注视(gaze)是属于眼睛和脑的协调运动,通常被用作注意力在自然行为中的代名词。例如,一个人或者一个机器人必须和周围的物体进行交互,在场景中移动是控制注意点来执行任务。从生物视觉的角度,早年的大量神经生理实验已经证明,竞争神经机制下进行视觉搜索,会存在自上而下的记忆目标。偏倚竞争假说认为,视觉场中的多种刺激激活了参与竞争交互作用的神经元群。同样的,研究人员在昆虫中已经发现了一些视觉神经元或通路,如各种昆虫、蜜蜂、蚂蚁和螳螂等。最近的一项研究综述了昆虫视觉运动检测的基本机制,包括经典模型和功能。Borst 等全面回顾了视觉系统的逐步生理学研究,总结了视觉过程控制;包括行为、算法和电路。与依赖于速度的相关基本运动相比,Aptekar 简单回顾了具有与人类视觉相关的非傅立叶或统计特征的高阶图像检测。在行为层面上,一个超现实主义者,论证了视觉和逃避电路的复杂性。偏见的竞争有助于优先考虑与任务相关的信息,使视觉搜索更加有效。在任何给定的时刻都会接收大量的视觉信息,可供处理的容量有限。因此,视觉系统需要一种方法来选择相关信息,忽略不相关的刺激。神经网络中的每一个细胞都代表有人参与的刺激,从而抑制代表干扰刺激的细胞。基于以上生物视觉机理,Xu 等提出了一个基于人类视觉搜索过程的自上而下和自下而上的结合模型,通过分析视觉皮层中 V1、V2、MT 的各个区域的主要功能来突然整合出一个调制模型[23]。该模型能够有效地模拟人在自然场景下从初始选择物体到次要选择物体的过程。如图 4-5 所示,一个基于果蝇视觉机制的模型也被提出,分别借鉴了果蝇中各个视觉组织皮层的主要功能串联和模拟了视觉注意力的场景[28]。该算法有效地模拟了驾驶员在驾驶场景下的视觉注意力变化和转移。

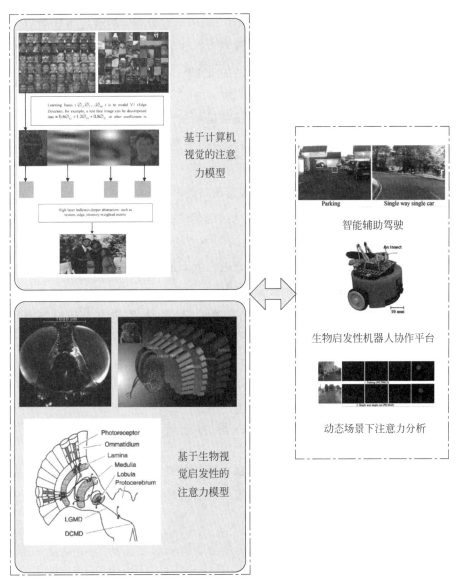

图 4-5　视觉注意力模型在人工智能领域的应用

人工智能的实例应用

### 4.4.3  仿生视觉注意力模型在智能驾驶中的应用

如图 4-5 所示，仿生视觉在智能驾驶方向的研究可以通过以下两个主要方法切入，实现一个基于注意力分析的智能安全驾驶开发平台。

（1）基于计算机视觉的注意力模型；

（2）基于生物视觉启发性的注意力模型。

在现实生活中，有许多以基于注意力模块为核心的智能系统，如辅助驾驶系统需要对驾驶员进行分析，以确定其行为是否合理；如生物启发性机器人协作平台上通过模拟蝗虫或者果蝇的视觉通路中的信号处理方式来模拟无人机器人在导航过程中的视觉刺激信号处理；又如动态场景下模拟人的注意力对外界运动刺激信号的处理，用来解释人的视觉系统对运动的分析处理机制。

这些基于生物视觉启发性的智能系统都需要对其所关心的注意力物体或者区域进行分析，以期实现各自的任务。注意力模型在现实中有着广泛而重要的应用，但是由于传统的计算模型需要大量的特征抽取或者训练学习，使得设计一个高效并且可移植的视觉注意力系统会变得非常困难，这为我们提出了科学动机。

人类驾驶员在车流中始终保持队形，也类似于蚂蚁的特定路径。核心是避让和追随，即生物动机的一体两面，避让是生物的基本安全机制；追随是模式复制的路径。基于此，生物可以快速学习，减少独立试错的时间，使算力成本降低。因此，仿生注意力也应重塑追随目标，以避让作为智能驾驶的基本动机。

正因为如此，从现有生物视觉的认识和借鉴意义作为启发点，基于对当前计算机视觉的常用方法，例如特征抽取外加深度学习框架的融合，即在不同应用场景或者平台上比较和选取合适的特征，来判断和预测出人在不同任务下的注意力区域，最终建立一个跨多个应用的智能注意力分析系统。

### 4.4.4  人工模拟视觉注意力的解决方案

首先可以根据驾驶任务区分视觉注意力任务模型，即自上而下的任务驱动型的注意力模型或者自下而上基于显著性的注意力模型。另外，基于真实自然场景的多模态数据库的搭建也是重要任务。

**1. 视觉注意力区分视觉任务**

注意力视觉是一个普遍概念，覆盖了影响选择机制的各个方面，无论是场景驱动的自下而上的机制还是预期驱动的自上而下机制。其中，显著性直觉上刻画了场景的某些部分,可能是感兴趣的物体或者区域,这些部分似乎相对他们的临近区域突出。

另外,注视点属于眼睛和脑的协调运动,通常被用作注意力在自然行为中的代名词。注意点控制同时集视觉、行为和注意力来执行感觉运动协调,这是某些特定行为所必需的。

**2. 基于生物注意力机制的仿生模拟**

基于生物视觉启发性的特点,研究首先会着重强调基于人脑视觉皮层的注意力处理系统,包含五个模块,分别为预学习过程、自上而下偏倚、自下而上机制、多层神经网络和注意转移。从预学习的角度,可以将词典分为目标模板和非目标模板。自上而下阶段从模板中提取特征,并在权重调整过程中产生偏差。自下而上的视觉注意机制是由原始对象的属性驱动的选择性调谐过程。多层神经网络集成了权重调整,并通过迭代学习过程生成人眼调整和关注区域。每一层都反映了它在视觉皮层的反应图。注意力转移遵循赢取所有和抑制返回(Inhibition Of Return,IOR)的规律。为了验证有效性,需要与其他最新的视觉搜索模型进行广泛的验证和比较。

其次,从昆虫视觉注意力机制中也会给研究带来启发,与人类视觉相比,昆虫在小脑中的视觉系统更为紧凑和简单。因此,可以借鉴昆虫的注意力对动态运动以及避障的视觉能力的基本机制,并最终运用于目标跟踪和跟随等高速运动场景中,以弥补人类在处理这些视觉信息上的不足。人类和昆虫的视觉系统的优势互补,是本课题的重要研究意义之一。

**3. 基于生物视觉对动态刺激的仿生模拟**

此种仿生模拟受生物视觉对动态刺激的感知能力的启发,即设计的注意力模型通过对外界运动刺激的感知,竞争并最终选择最显著的位置,其次收到返回抑制机制的作用和对外界新运动刺激的感知使注意力焦点移向下一个最显著的位置。在自然场景下,注意力模型需要符合人类视觉系统中赢取所有的理论,其次设计的注意力模型需要符合人类视觉系统的选择性注意模型框架,而根据上述注意力机制的仿生模型对内部各个仿生功能的权重系数进行约束,从而快速有效地求解上述优化问题并最终能够满足赢取所有的理论框架,这是本课题的又一个研究内容。

**4. 基于生物视觉启发的注意力模型的合理性**

生物视觉注意力虽然有共性可供我们借鉴到开发模型上,但更重要的是其多样性。目前研究的重心是我们如何正确地评估这些受生物启发的注意力模型的合理性。通常,这些模型是与真实的生物实验数据进行比较的,这就需要采集大量受试者在不同自然场景下的真实数据。如果一个模型像它的生物对应的表现能力那样做,这将是完美的。然而,绝大多数受生物启发的模型只能实现模拟注意力能力的关键特征。因此,我们需要提出合理的评价标准,使之更贴切地反映人类注意力的表现能力。

### 4.4.5 仿生视觉在人工智能领域的研究意义与展望

基于生物视觉启发性的注意力模型的研究,已经成为一个极具吸引力的探索方向,有着很高的理论研究价值和应用价值,逐渐受到国内外学术界的广泛关注[22-28]。例如,笔者从基于视觉任务区分注意力模型、基于计算视觉的注意力分析与基于生物视觉启发性的注意力分析等三个方面提出一系列创新性的研究工作。具体来说,可以归纳如下。

(1) 从认知角度来说,HVS是靠多种特征的共同作用来锁定注意力区域。但是由于不同特征在表示形式、意义、量纲方面存在差异,难以定义不同特征之间的融合与竞争。尤其在驾驶环境下,以自我为中心的视觉(ego-centric vision)会因运动刺激的引导而发起主动和被动的视觉注意。由于自然场景下动态特征比静态特征更加能够"吸引"人类的注意力,所以以运动特征为主的融合方法更有发展前景。

(2) 在基于生物视觉启发性的注意力建模中,由于生物视觉神经网络在自然界已经进化了数百万年并且在自然场景下具有合理性、鲁棒性和高效性,受此启发,特征融合与竞争有助于优先考虑与任务相关的信息,使视觉搜索更加有效。因此,视觉系统需要一种方法来选择相关信息,忽略不相关的刺激。如何正确地区分和融合兴奋性刺激神经元和抑制性刺激神经元,并进一步根据不同驾驶任务提高模型的鲁棒性和时效性,是本领域的核心特色和创新点之一。

# 4.5 人工智能与交互式设计

人机交互主要研究的是人与机器之间的互动,是计算机科学、行为科学、人体工程学、设计类的一个交叉领域,主要包括上下文感知计算领域、感知人机界面、协同和学习、人的视觉模拟。与人类相比,机器根据设计好的路线处理问题的速度和效率及其自身的固有属性更占优势。但是人类具有思维,具有主观能动性,对外界的感应以及复杂问题的处理能力都远超机器。

## 4.5.1 驾驶环境与驾驶员的智能交互

随着无人驾驶的快速发展,用户对驾驶体验的需求越来越高,良好的人机交互有助于提升驾驶体验,并且加速无人驾驶市场化的进程。

无人驾驶在今天看来不算是一个全新的概念,部分车企巨头已经纷纷完成了无人驾驶的路测,并且各大汽车企业将无人驾驶初步商用化的时间点预估在2025年,从无人驾驶理念的提出到发展至今的智能网联化趋势,无人驾驶本质上都是解决人的出行需求。

而人机交互是以人为核心,无人驾驶涉及的直接人有两种,车内人与车外人。车内人主要以驾驶员为核心,车外人主要以行人为核心。从人的角度出发,不同身份的人与车的交互方式也有不同,对于车内人,目前各企业研究的热点集中在语音识别、手势控制这两种交互技术上;对于车外人,目前与之相关的研究较少,人为驾驶模式的时候,行人通常会与司机有目光交流以增加安全感;而对于无人驾驶阶段,这一互动就尤为困难,那么针对行人开发一种新的信息反馈方式显得尤为必要,所以对车外人来说,车与人的交互方式是以信息反馈为目标进行研究。

**1. 车内人与车的交互方式**

(1) 语音交互。其最基本的目的是辅助行车安全,在安全性保障的基础上用于提升车内的体验乐趣。根据车载市场语音调查报告显示,40%的车企已将语音交互技术搭载在自己的产品上,50%的车企正在开发语音交互系统。可见语音交互将逐渐成为车联网交互方式的主流,预计其将会成为无人驾驶领域排名第一的人机交互方式。

(2) 手势交互。正确理解人类的手势语言,同样是汽车领域人机交互的研究热点。相比于语音控制和触摸屏,手势交互的技术门槛更高,由于交互形式复杂,现阶段的成熟度较低,手势控制实现起来更加困难。手势交互现阶段只能完成一些简单的交互,比如打电话、调节音量等操作。

**2. 车外人与车的交互方式**

行人过马路的安全感往往来自与驾驶员的眼神交流或挥手动作。人在驾驶时,很容易实现与车外行人的交流,而当路面上无人驾驶的比例上升时,驾驶员与行人的交流就显得尤为困难。无人驾驶阶段,驾驶员对路面的注意力不那么高,那么为保障行人安全感,将驾驶员与行人的交互转化为车与行人的交互是一种必然趋势。关于车与行人的交互方式,各研究机构也有不同的解决方案。

由于汽车本身生产的周期性长,目前部分无人驾驶与人交互的实现仍处于概念阶段。从交互的角度来说，人与车最自然的交互方式是没有交互，纵观目前市场的发展，现阶段的人机交互距离自然的交互还有很大的差距。目前人机交互的主要方式是人下达命令，由机器去执行，在这个过程中，人的命令不能有失误，否则就无法实现正确操作，这对于人的安全和体验有一定的隐患。

未来自然的人机交互应是以情景识别为主，即机器通过环境来预知人的需求，比如车辆燃料不够可以自动规划路线补充燃料，下雨时自动关闭窗户等更加智能地满足人的需求，以减少人的操作。

汽车的人机交互是无人驾驶最后的门槛，未来汽车的人机交互系统需要更安全、更稳定的技术，以满足更智能、更人性化的需求。这不是任何单方可以完成的事情，需要集合汽车、人工智能、心理学等不同领域的知识来完成这一复杂的系统。

在自动化驾驶上，百度是最早开始进行自动驾驶研究的。早在2017年，百度就已经成立了智能汽车事业部；2017年4月，百度发布Apollo计划，Apollo为汽车行业及自动驾驶领域的合作伙伴提供了一个开放、完整、安全的软件平台，帮助他们结合车辆和硬件系统，快速搭建一套属于自己的、完整的自动驾驶系统；2018年10月，百度与长沙市政府共建"自动驾驶与车路协同创新示范城市"，国内首批自动驾驶出租车将在长沙规模化落地测试运营，到2019年，长沙市将有超过100辆自动驾驶出租车行驶在100多千米的智能道路上。2018年11月，百度与一汽红旗共同研发国内首款L4级自动驾驶乘用车，还计划在2025年实现L5级自动驾驶。

阿里巴巴则是在2017年成立了达摩院，其中包含自动驾驶部门；2018年4月，阿里表示正在进行自动驾驶研发，选取L4技术路线，并已经具备了在开放路段的测试能力；阿里在2018年9月召开的云栖大会上宣布升级汽车战略，明确提出要由车向路延展，利用车路协同技术打造全新的"智能高速公路"。2020年4月，阿里巴巴达摩院发布全球首个自动驾驶测试平台，大幅提升自动驾驶AI模型训练效率，并在未来推动自动驾驶迈向L5阶段。

2018年5月，腾讯拿到了深圳市政府颁发的智能网联汽车道路测试牌照。2018年10月，长安与腾讯成立的合资公司尘埃落定，命名为北京梧桐车联科技有限责任公司，注册资金达2亿元，专注于在车联网、大数据、云计算等领域打造面向行业的开放平台，从而致力于为汽车行业提供成熟、完善的车联网整体方案。据了解，2018年10月31日，长安汽车首款深度搭载腾讯车联智能生态系统的CS35PLUS上市，11月CS85亮相广州车展。2020年6月，腾讯新一代自动驾驶虚拟仿真平台TAD Sim 2.0正式亮相，全面提升自动驾驶开发和测试效率。

华为则将自动驾驶汽车定义为一个移动的数据中心，目前主要产品是在华为

2018 全连接大会期间发布的涵盖芯片、平台、操作系统、开发框架的自动驾驶的移动数据中心(Mobolity Data Center,MDC)。相比业界当前的自动驾驶计算平台,MDC具有"三高一低"的技术优势。

(1) 高性能。搭载华为最新的 Ascend 芯片,满足 L4 级别的自动驾驶需求。

(2) 高安全可靠。遵从业界车规级可靠性与功能安全等级要求。

(3) 高能效。端到端高达 1Tops/W 的高能效,不仅可以节能与延长续航里程,同等算力下温度更低,且无须配置风扇散热等易损部件,降低对车辆现有结构的影响。

(4) 低时延。底层硬件平台搭载实时操作系统,内核调度时延低小于 $10\mu s$,ROS内部节点通信时延小于 1ms,为客户的端到端自动驾驶带来小于 200ms 的低时延,提升了自动驾驶过程中的安全性。

事实上,自动驾驶早已不是什么新鲜事了。在不久的将来,将会有更多、更方便的交通技术出现。如果我们仅着眼于汽车的话,可能会出现机器人代驾、虚拟化驾驶等;如果我们放眼于全世界的交通,飞机可能会被飞船代替,高铁也会被淘汰。我们期待未来有更方便、更智能的人机交互系统。

## 4.5.2 智能体感技术

说到体感(Motion Sensing)技术,首先联想到的便是在游戏城中常见的光剑游戏,游戏者头戴一件 VR 设备,手中握着两根用来充当光剑的棒子,不停地挥舞着手中的光剑,仿佛星球大战中的绝地武士,造型十分具有科技感。体感是通过设备捕捉人的动作从而反映在机器上,使其不用复杂的输入便能与周围的环境进行互动的技术。例如,当你站在一台电视前方,假使有某个体感设备可以侦测你手部的动作,此时若是将手部分别向上、向下、向左及向右挥,用来控制电视台的快转、倒转、暂停以及终止等功能,便可以直接以体感操控周边的装置,或是将此四个动作直接对应于游戏角色的反应,便可让人们获得身临其境的游戏体验。至今全世界在体感技术上的演进,依照体感方式与原理的不同,主要可分为三大类,即惯性感测、光学感测以及惯性与光学联合感测。

惯性感测主要是以惯性传感器为主,例如用重力传感器、陀螺仪以及磁传感器等来感测使用者肢体动作的物理参数,分别为加速度、角速度以及磁场,再根据这些物理参数来求得使用者在空间中的各种动作。

光学感测主要代表厂商为 Sony 和 Microsoft。早在 2005 年以前,Sony 公司便推出了光学感应套件——EyeToy,主要是通过光学传感器获取人体影像,再将此人体影像的肢体动作与游戏中的内容互动,主要是以 2D 平面为主,而内容也多属较为简易类型的互动游戏。直到 2010 年,Microsoft 发表了跨时代的全新体感感应套件——Kinect,号称无须使用任何体感手柄,便可达到体感的效果,与 EyeToy 相比更为进步的是,Kinect 同时使用激光和摄像头(RGB)来获取人体影像信息,可捕捉人体 3D 全身影像,具有比起 EyeToy 更为进步的深度信息,而且不受任何灯光环境限制。

联合感测主要代表厂商为 Nintendo 和 Sony。2006 年 Nintendo 推出的 Wii,主要是在手柄上放置一个重力传感器,用来侦测手部三轴向的加速度,以及一个红外线传感器,用来感应电视屏幕前方的红外线发射器信号,主要可用来侦测手部在垂直及水平方向的位移,来操控一个空间鼠标。这样的配置往往只能侦测一些较为简单的动作,因此 Nintendo 在 2009 年推出了 Wii 手柄的加强版——Wii Motion Plus,主要为在原有的 Wii 手柄上再插入一个三轴陀螺仪,如此一来便可更精确地侦测人体手腕旋转等一系列的动作,强化了在体感方面的体验。至于在 2005 年推出 EyeToy 的 Sony,也不甘示弱地在 2010 年推出游戏手柄 Move,其主要配置包含一个手柄及一个摄像头,手柄包含重力传感器、陀螺仪以及磁传感器,摄像头用于捕捉人体影像,结合这两种传感器,便可侦测人体手部在空间中的移动及转动。

体感技术最先进入大众视野是微软公司为 xbox360 游戏机打造的一款名叫 Kinect 的设备。该设备是作为游戏机的外设发布的。在传统的操作方式中,用户是用手柄输入指令的,但是这款设备只能识别动作和声音,为玩家带来了全新的交互体验。

虽然现在体感技术主要还是在游戏中比较常见,但相信在体感技术得到充分发展的将来,该技术可以用来帮助人们提升生活质量,比如眨一眨眼睛,动一动手指,就能控制灯的开灭。人们目前看到的体感技术程度还只是冰山一角,在未来该技术一定能改变我们生活的方方面面。

### 4.5.3　虚拟现实与增强现实

在机器设备的发展中,不断地实现与人类的交互,人们可以看到显示器显示的内容,可以用触控板对笔记本电脑的内容进行反馈,可以用播放器听歌等,这里将介绍沿用至今或刚刚兴起的、适用于我们生活的一些人机交互的设备。在键盘和鼠标刚刚诞生时,我们可以通过敲击键盘告诉 DOS 计算机应该计算的内容,而图形界面的产生使得我们可以通过单击鼠标将我们的选择和想法反馈给计算机,这些技术沿用至今;但是,普适计算认为计算机会融入网络、融入环境、融入生活。为此,计算机会更小,更廉价,有网络连接,有超越图形界面的,可以和环境和人做更多的交互的手段。在各项识别技术、人工智能计算机图形等等发展起来之后,人机交互会渐渐回归到人和自然物理世界惯有的交流方式来，而不再受限于器材本身。简单地说比如拿东西就是拿东西，不再是不自然的单击鼠标或触屏。

　　人类的感觉包括触觉、视觉、听觉、嗅觉和味觉，间接来说，其实人是通过眼睛、手势、语音与外界进行交流的，现代人机交互设备的发展基本也是基于这三项而来，我们很少发现嗅觉和味觉交互的设备。

　　从视觉来说，VR 和 AR 技术会给我们带来很大的影响，它不仅展现了真实世界的信息，同时还将虚拟的信息显示出来，两种信息相互补充、叠加。在视觉化的增强现实中，用户利用头盔显示器，把真实世界与计算机图形多重合成在一起，便可以看到真实的世界围绕着它。如今 Retina Display 技术也逐渐在智能手机和平板电脑上应用开来，它利用人的视觉暂留原理，让激光快速地按指定顺序在水平和垂直两个方向上循环扫描，撞击视网膜的一小块区域使其产生光感，人们就感觉到图像的存在。实际上，我们正在追求从二维到三维的视感变化，视觉是人类最丰富的信息来源，无论是输入输出，其数据量都远非其他方式可比。3D 眼镜、360°幻影成像使我们的视觉变得三维化，让我们在观看泰坦尼克号 3D 电影时身临其境，在美国 Billboard 音乐盛典再现的迈克尔·杰克逊舞台上一睹天王巨星的风采。当然，也由于人与计算机的交互一直受到输入输出之间信息不平衡的制约，使得用户到计算机的输入带宽不足，在此基础上催生了诸如视线追踪、语音输入等许多新的输入技术。

　　我们经常可以见到苹果语音助手 Siri、微软小冰和微软小娜等一系列的智能聊天机器人，单从微软小冰来看，她集合了近 7 亿中国网民多年来积累的、全部公开的文字记录，凭借微软在大数据、自然语义分析、机器学习和深度神经网络方面的技术积累，精炼为几千万条真实而有趣的语料库，通过理解对话的语境与语义，不断更新添加了催眠功能、图像识别功能、天气播报功能和语音识别聊天功能等，让人几乎感觉不出是在和机器交谈，实现了超越简单人机问答的自然交互。此外，语音识别功能也逐渐被应用于各品牌的手机平台和各大银行的预约服务机器人等方面。

　　在手势输入方面，多点触控技术已经广泛应用到了我们生活的方方面面。银行的提款机具有触控技术，医院银行大厅的计算机也支持触控，但是这些其实都是原始的单点触控；如今我们所使用的多点触控技术，可以通过滑动、放大缩小、旋转等在智能手机、平板电脑上实现更自然的操作，微软也开发了 Windows 8、Windows 10 等操作系统来兼容和支持日渐盛行的多点触控技术和设备；当然，手势输入也娱乐了我们的生活。PalyStation4、WiiU、Xbox one 等游戏机逐渐兴起，对人动作的识别已经从手势扩展到了整个身体，体感游戏机依靠了高科技的视频动作捕捉技术，令人的身体动作能即时反映到游戏系统中，通过感应人体运动来推动游戏的进行。因为我们的生活并

人工智能的实例应用

不是传统游戏手柄那样数字化的,因此我们需要一种模拟现实生活的更为自然的人机交互。

当然,贯穿在我们生活中的并不止以上这些,去餐厅点餐付账时,用指纹识别解锁了自己的手机,然后点开微信支付、支付宝或者 Apple Pay;跑步锻炼时,用小米手环记录自己的步速,检测心率是否正常;去影院时,可能想着体验一下新奇的喷水摇椅的 4D 电影;生物特征识别、NFC 等技术也已不知不觉地渗透到了我们的生活中,它们让人机交互变得便捷、自然。

新兴的谷歌眼镜综合了语音指令识别、眼动识别和触控技术,仅仅通过一个眼镜便可以上网、看视频、获取定位等功能,虽然由于成本高售价高并不被大众所广泛使用,但是相信这是一个必然的趋势。再如脑电波控制轮椅的出现,让使用这种轮椅的残疾人无须动用肌肉力量或是发出声音指令,即可让轮椅载着自己行动自如,这并不需要刻意的操作或意识。人机交互未来的发展会让人机的界限越发模糊,不仅仅限于机械化的便利,计算机的设计因为人机交互的发展越来越考虑人的需求和情感,使得人类可以依赖计算机来帮助自己做事情的程度也大大提高。

## 4.5.4 智能交互式医疗诊断

智能医疗诊断系统的研究是涉及信息处理技术、人工智能、医学诊断等多学科领域的综合性研究。其研究目的是实现医疗诊断仪器的自动化,以定量、形象的方式提供人体的各种相关信息,并且能够得出较为准确的诊断结果。医疗诊断智能化是人工智能的一部分,即用现代化的技术和手段放大人类的感知能力,模拟人类的判断和推理能力。

2019 年 7 月,中国科学院软件研究所和中国医学科学院北京协和医院在国家重点研发计划"云计算和大数据"重点专项项目"云端融合的自然交互设备和工具"的支持下,将自然人机交互技术与神经系统疾病临床诊断方法结合,研制出了多模态自然人机交互神经系统疾病辅助诊断工具,并成功将其应用于神经系统疾病的早期预警与辅助诊断当中。

神经功能评价是神经系统疾病早期预警和临床诊断的主要手段。临床上主要是通过各种量表、测试、问卷调查等方法对病人的神经功能进行评价。但是这些方法依赖于专业医疗设备和医疗人员,成本较高,无法作为日常的健康评价手段;同时由于神经系统结构和功能的复杂性,这些方法无法对检测关键要素进行全程数据存储和定量分析,受评价者的主观判断影响较大。智能诊断系统可以为神经医学检测提供定量化、多模态和非任务态监测的支持,能够作为辅助工具提高诊断效率和诊断结果的准确性。

多模态自然人机交互神经系统疾病辅助诊断工具主要由认知检查子系统、书写运动功能检查子系统、步态功能检查子系统、语音功能检查子系统、智能积木检查子系统、智能餐具检查子系统和手机日常操作异常检测子系统组成,利用笔式、姿态、智能实物、语音、触屏移动设备等多通道交互技术进行神经系统疾病的早期预警与辅助诊断,为神经功能评价提供预警筛查、临床诊断、预后评估、康复监测以及长程跟踪等关键技术支撑。

目前,该系统已收集五千多例神经系统疾病临床病例,累计进行医学临床检查约20 000多次,建立了包括手写、语音、步态、抓握、生理、影像的医学数据库,为临床辅助诊断提供了技术基础。从以上案例可以看出,智能医疗诊断技术已经基本发展成型,并逐步运用于实际医疗过程中。目前的医疗诊断系统多作为辅助工具运用,主要用以消除依靠人主观判断所产生结果的不准确性,提高医学诊断的效率,并提供多方面的长期监测技术支持。在未来,针对其他疾病诊断的智能医疗系统应当也会逐步进入市场,在临床医学诊断中发挥重要的作用。

但不可否认的是,智能医疗系统仍有很大的发展空间。由于技术限制,目前的智能医疗系统尚在应用的初期阶段,主要的开发目标是作为医学诊断的辅助工具,其成熟度并不能够代替专业的医疗人员。在诊断过程中,大部分工作仍是人为完成,而系统无法给出精确的临床诊断结果。智能医疗系统未来的发展目标应当围绕系统的诊断能力展开,如何使系统在不依靠外力的情况下独自完成准确的诊断结果并提供最佳的临床诊断方案,将成为未来智能医疗系统开发的重点和难点。

## 4.5.5 智能交互式家居设计

目前,智能家居系统中应用较多人机交互方式主要包括手动交互、手机交互、跨屏幕交互、语音交互、手势交互等。手动交互是最传统的交互方式,如手动开关电器、手动调节设备,市场上的智能家居产品,在提供智能化交互方式的同时,一般也保留了传统的手动交互。手机交互是目前最常见的智能家居交互方式,不少人把手机交互比喻成"鸡肋",其实不然。手机 App 相比传统的手动交互,实现了远程控制和定时开关,已经是一大进步,如苹果、海尔、嘟嘟 E 家等品牌的手机 App,不仅拥有这两种功能,还能设置情景模式,实现一键多控,非常便捷。

此外,通过手机摄像功能远程监控室内环境,这个功能可以说是无可替代的,从家庭安全角度考虑,手机交互可能永远不会过时。跨屏幕控制,即使用平板电脑、室内机、电视、计算机、智能手表等设备进行控制,这些设备未必都能成为智能终端,尤其是智能手表,但它们至少能让用户及时了解各类情况,让用户不会错过关键信息。目前智能家居的语音交互主要有两种形式,为直接语音与间接语音。直接语音,即直接对设备说话,发出语音指令,代表产品有国外亚马逊的 echo、谷歌的 Google Home,国内的叮咚智能音箱与嘟嘟智能语音管家;间接语音,即通过一款中间设备和其他设备展开交互,代表产品为各类智能手机的语音助手。

手势交互,即智能家居设备通过感应用户体感,或通过摄像头识别手势来接收和实现用户发出的指令。比如一挥手,灯就关了。这种交互方式有一定的局限性,不能广泛适用于整个家庭场景,但在某些方面,它甚至比语言交互更方便。当前智能家居领域里,尽管已经有许多新兴交互方式尝试的产品,比如体感交互、头部跟踪、语音交互、生物识别等方式,但大部分的交互方式识别率太低,像 Siri、Cortana、GoogleNow 这类智能助手,普遍比较机械、木讷,使用范围局限性太大,无法达到能用于家居生活中的泛用性。

在智能家居方面,往近的来说,现今如交互展示屏、视频墙对投影的图像进行智能互动等,数字交互的媒体技术已经十分成熟,可在家中的窗户玻璃上进行 AR 交互;往远的来说,应用全息投影下的 AR 技术,可以说是未来智能家居交互的终极目标。如今的资本市场里 VR 设备抢尽风头,但相对于要和现实做交互的 AR 设备而言,VR 实现起来的技术难度较低,无须像 AR 那样进行高速高精度的实时运算,但在应用领域方面,AR 要比 VR 广阔得多。例如,在之前 NVIDIA 的 GTC2016 开发者大会上,德国马牌展示了其正在开发的 AR 增强现实技术在汽车领域的新应用,在汽车前挡风玻璃上通过增强现实技术提供 HUD 显示人机交互界面,计算机会根据真实世界的场景,实时动态地把消息投射至前挡风玻璃上,让一切看上去就和自然环境融合为一体,大幅度提升了人车交互体验。

### 4.5.6 展望未来智能交互

微软研究院对其 2019 年的研究进行了全方位盘点,"人机交互"赫然纸上。

自从人类发明了计算机,就持续面临着一个根本性问题,即我们到底应该如何与机器交互?抛开具体交互形式,显然人机交互经历了一个从人适应机器,到机器适应人的过程。就目前来说,看待人机交互最终趋势的根本视角,应当从人更渴望什么来分析。随着人工智能技术的发展,自然语言交互必定是实现命令自然化的关键突破口。语言声学技术为人机交互注入了智能属性,交互不再是精确的指令。

在 20 世纪出现 Google、百度等搜索引擎的时候,交互还是单向的,但智能手机出现之后交互就变成了双向的。比如苹果手机的交互史,在刚开始做出来第一代

iPhone 的时候并没有语音交互的能力,但经过市场调研之后发现有 75% 的用户都希望有语音控制功能。于是,在后面两代 iPhone 中都加入了语音控制功能,但到后面发现实际使用的用户竟然不到 5%,苹果公司经过总结之后发现不仅仅是语音,还必须有自然语言交互。

研究公司 Ovum 发布的报告称,人机交互技术的进步,更趋向于人类能自然进行对话体验。正如我们对自然语言处理技术的应用场景的想象,关键在于足够自然,人工智能永远都在追赶最高的自然智能。信息文明走向智能文明,机器需适应人类的自然语言体系,然后完成任务。

技术的发展虽然革新了我们的生活方式,但是长久以来,人机交互一直延续着人类"输入",机器"反馈"的循环模式,人类始终是主动的,机器始终是被动的。《百度人机交互研究报告》认为,人工智能赋予了机器情境感知和自主认知能力,使我们有机会构建机器主动服务于人的交互模型。

由此,可以预测人机交互的发展趋势,主要体现在以下两个方面。

(1)交互理念方面,机器从被动接受信息到主动理解信息,以及从满足基本功能到强调用户体验。

(2)交互设备方面,机器输入、输出的方式更加自然化、内容更加多样化。

显然,这些也是人机交互现阶段所面临的痛点问题。

"万物互联"时代下的人机交互是以用户为中心,使产品主动为受众提供服务。随着 5G 技术的发展和互联网技术的不断成熟,人类已经进入到了一个万物互联的大连接时代,大连接的目的是让人类的生活更加美好,更加便利。设备被赋予了大量连接,连接为交互建立了通道。交互通道建立后的下一步,是用人工智能技术为大连接时代赋能。语音交互远距离控制的特性,极大地增加了可交互设备的数量,有利于智能设备的快速普及。在未来全面智能化、万物互联的生活中,真实使用场景总是有多个声源和环境噪声叠加,比如经常会出现周边噪声干扰和多人同时说话的场景。

以前的语音交互大多是以服务为主,以产品为核心,根据产品特性寻找用户。随着人工智能技术的进一步发展,声纹识别等智能生物识别技术已经可以实现以用户为中心的智能交互解决方案。国内声纹识别和自然语言处理技术厂商快商通表示,通过远场声纹识别技术,可以让智能设备能够自然快速地识别用户身份,从而时刻感知用户需求的本质来源,记忆用户行为习惯和各类偏好。通过自然语言交互,分析用户语言背后的真实意图,并随之快速作出合理的反应,而且能在之后的生活中不断地进行调整。

人工智能的实例应用

快商通原创的语音与声学处理技术能够保证机器听得准真实环境下人的声音,使智能设备在充满噪声干扰和多人同时说话的场景中,仍然能保持 95% 以上的识别准确率,同时处理多人声纹身份识别的问题。智能设备除了能只被特定成员唤醒外,还能根据不同成员的习惯和喜好进行个性化推荐。使用户能在自己的整个智能生活的中心随心所欲。目前,声纹识别技术在快商通等声纹识别厂商的带领下,已经可以为大量终端设备厂商提供优质的远场声纹识别与语义理解技术支持。用户可在不同场景下通过远场语音交互。进行自然语言交互,享受科技给生活带来的便利。未来,人工智能生态链上下游合作伙伴将携手发展,共同持续推进更自然、更智能、更人性化的人机交互发展,让人工智能更好地服务于人类。

# 4.6　人工智能与安全驾驶

近年来,随着城市化进程的快速推进,交通突发事件日益频繁。目前,我国道路交通事故死亡人数高居世界第二位。2019 年,全国共发生道路交通事故 238 351 起,造成 67 759 人死亡、275 125 人受伤,直接财产损失达 9.1 亿元。在这些事故中,高速公路事故增多,生产经营性车辆导致死亡事故比例高,一般货运车辆、校车肇事致人死亡增多。另外,2019 年,全国共发生运输船舶交通事故 461 件,死亡失踪 341 人,沉船 173 艘次,直接经济损失达 5.1 亿元。公路损毁、车辆事故、船舶遇险,直接关系到人民群众的生命财产安全。交通运输作为国民经济的基础性产业和服务型产业,安全应急保障作用日益突出。《国务院关于全面加强应急管理工作的意见》把"加强应对突发应急事件的能力建设"列为各部门的首要任务,在 2020 年全国交通运输工作会议上,交通运输部部长提出要大力推动绿色交通发展,牢牢守住交通运输安全发展底线。同时,交通运输部"一条主线、五个努力"发展战略要求"努力提高交通运输设施装备的技术水平和信息化水平""努力提高安全监管和应急保障能力"。

## 4.6.1　国内外智能交通安全发展近况

道路、船舶交通事故发生后,救援不及时是导致事故中出现人员死亡的最主要原因。但是,如果能对可能发生的事故进行预测,并及时通知驾驶员或智慧中心,往往能大大降低事故发生的概率。很多发达国家将交通事故预测作为控制交通事故死亡率的重要手段,对建立交通应急处理体制投入了大量的人力、物力、财力,致力于研究相应的技术和产品。

要实现高效、精准的交通预警和应急处理，必须能够准确地感知交通场景信息，能够对现场实时监控，为出行者和救援人员提供实时、动态的数据信息服务，以保证在事故发生前为出行者提供充分的提醒或者对救援者提供足够的数据资料的支持，从而避免事故的发生或者指定最优的救援方案。

福特汽车公司在对高速公路行驶安全进行研究的过程中发现，造成高速公路交通事故的最大诱因是驾驶存在超速的情况，在超速行驶状态下，一旦发生车祸就会造成非常严重的人员伤亡，严重威胁到人民群众的生命财产安全。此外，福特汽车公司提出，在建立高速公路道路安全预警系统的时候，应当对车速的问题进行重点关注和研究。

美国哈佛汽车研究中心指出，在气候比较恶劣的情况下，更容易出现交通拥堵或者突发事件，因而设计了全球第一个具有自主知识产权的高速公路安全预警系统，并且通过云计算网络服务，全面、完整、及时、高效地收集全美范围内的道路交通信息，包括交通流量、事故发生情况以及实时路况等信息。

我国在 20 世纪 90 年代末期就确立交通安全应急信息技术在智能交通领域的研究和发展战略，并已经在北京、上海、广州等一些发达城市实施了相应的关键技术开发和示范工程。经过二十多年的发展，我国交通安全应急技术发展总体形势良好。例如，吉林大学汽车研究所在 2017 年提出要实现高速公路预警的智能化，设计出高速公路安全预警系统包括车载设备、路由节点和控制中心等部分，实现运用无线链状网络组网对高速公路路况、安全隐患、交通事故定位。中国科学院于 2018 年就我国高速公路建设发展现状，开发了一套全面、高效、精准的道路安全管理预警系统，综合实现数据信息采集、数据信息的处理、安全责任评价、预警信息的收集和发布等各项功能，分析了系统模块功能需求，总结系统框架和系统内部逻辑结构，利用物联网技术实现道路信息采集并且完成预警信息的发布。但在相关管理层面主要存在如下问题，即体制分散，统一协调不够；引进太多，消化创新不够；政府主导，民间参与不够。

从技术的战略层面来看，我国几乎所有的安全应急技术都是建立在美国的全球定位系统(GPS)的基础上的，这是个基础性战略性的缺陷。现在我国的北斗卫星导航系统(简称"北斗系统")发展快速，完全可以取代 GPS 在 ITS 的地位，北斗系统将在我国的 ITS 中具有更加重要和更广泛的应用。

另外，摄像头是实现交通安全感知和预警的硬件基础。近年来，由于摄像设备具有成本低、非接触性、可记录性等优势，因此全世界范围内对视频监控系统的需求空前高涨。许多国家部署的摄像头越来越密集，监控网络也日益庞大。例如，英国目前在全国范围内已经安装 420 多万个摄像头，平均每 14 个人一个，一个人一天之中可能出现在多达 300 个摄像头前。

为了解决海量信息与图像的有效应用与处理问题,信息科学的专家相继把视觉信息智能计算技术引入到视频摄像设备中,从而发展起来一种新型视频监控技术——智能视频监控,被广泛地用于智能交通系统领域中。智能视频应用概念模型出现后不久,国外一些公司就开始着手研发相关的软硬件产品,经过几年的发展,智能视频分析技术在欧美国家得到了长足的发展,迅速形成了相对成熟的产品并成功应用于实际智能交通系统中。瑞典 AXIS 网络通信有限公司早期推出了一批智能视频产品,包括 AXIS 242S Ⅳ 视频服务器和 AXIIVM 120 人数统计智能视频应用模块。AXIS 242S Ⅳ 集成了专用 DSP 芯片(TI DM 642),具备强大的图像处理能力,并可支持第三方应用软件模块的运行和开发。AXIS 还计划推出更多智能视频应用模块,包括车牌号识别、非法滞留等等。由于视频智能分析技术的出现,推动软件市场的年复合增长率达到 21.7%。谷歌公司于 2013 年在其 Google+ 服务中增加了视频自动分析功能,相关技术在 Google 智能汽车中也有实际应用,其基于深度学习模型的大规模图像和视频检索技术也已经初步产品化并投入商用。

2012 年 6 月 1 日,我国的《安全防范视频监控联网系统信息传输、交换、控制技术要求》(GB/T 28181—2011)国家标准正式施行。这意味着全国视频监控系统有了统一的联网接口协议,全国视频监控联网共享平台建设将大大提速。2014 年 9 月,视频监控企业海康威视就已同阿里云达成战略合作。双方致力于推动云计算和视觉信息智能计算技术在交通安全应急技术领域的应用,希望摄像头、传感器等监控设备未来能像人脑一样,不仅"看得见""记得住",还"能思考""会说话"。2018 年,海康威视进一步推出用于视频分析的 Smart 2.0"智"系统,在车辆属性上能识别 7 种车型、11 种颜色、200 种品牌及 2040 种子品牌,有望实现交通安全应急领域一个全新的飞跃。

## 4.6.2　智能交通安全的关键技术

总的来看,经过长期的发展和积累,在市场需求的推动以及政府的支持下,国内外交通安全技术正在从"概念验证"阶段向"规模应用"阶段转化。并且,在国内尤其是在人口密集城市的智能交通安全领域产业发展逐渐显现出了后发优势。然而,受经济和信息化发展水平的制约,技术瓶颈日渐显现,地铁、铁路、机场、高速公路、航海等领域急需交通安全应急相关系统的研发和布局。

### 1. 交通场景智能感知技术

智能感知技术的研究借鉴了人类感知系统的原理。交通安全应急系统正在朝智能感知方向不断发展。只有更好地感知交通场景中的目标,对事件进行更准确地检测与分析,才能进一步对交通场景进行理解和协调,从而对交通安全应急进行有效管控。

如何通过融合内部环境和外部环境对复杂交通场景进行智能化感知是目前交通安应急领域的重要研究方向,也是急需解决的关键问题之一。其中,主要包括如何研究基于驾驶员的常见失误的主动安全驾驶方案、基于驾驶员模型的交通预测技术以及交通拥挤指数分析技术等,有效利用现存的道路设施使得车辆、道路和驾驶者和谐地统一起来,最大程度上减少事故的发生。

**2. 交通大数据智能分析技术**

研究智能优化计算技术能够有效地提高对交通大数据的分析能力。随着计算机和网络的普及,当前智能优化计算正在向大规模、高性能和高精度的方向发展,发展高效的智能优化计算方法与发展高性能的计算机同等重要。高性能和大规模智能优化计算已然成为当今世界研究的热点和前沿,也是推动和实现科技创新的重要研究手段之一。

如何通过交通大数据初始化和智能优化,对交通安全相关影响因素进行归纳、总结和分析是交通大数据智能分析的重要方向。其中包括研究交通视频大数据中的车与人、人与人的遮挡或相连目标的分割技术;交通违章行为的视觉大数据特征描述及理解技术等,以获取交通场景的有用信息,对预防和处理交通突发事件的发生提供有益参考。

**3. 交通安全应急预警技术**

人们可以通过交通安全应急预警技术发现、上报、警示交通安全紧急情况,并同时收集、汇总、分析和展示道路、海洋、港口的交通数据,并能获取紧急状态下可行的候选策略,建立多港联动的智能信息处理响应系统。

对不同突发事件反映出的交通流拥堵情况和波动情况进行分析,构建数字化管理模型,并在此基础上,构建突发事件处置的实时/时变交通网信息预测建模方法,模型兼顾时空特征,从而达到更为精准地获取交通量特征的目的,用于突发事件处置过程中的路径规划和疏散等决策。

## 4.6.3 智能交通安全的主要问题及原因

我国智能交通安全的建设,目前还是以政府支持为主,相关工程建设是以政企合作的形式开展,总体上来看,本领域成果转化与产业化存在的主要问题及原因分为以下两点。

**1. 交通感知智能化水平落后,网格化的交通状态感知体系不完善,交通信息资源综合利用水平急需提高**

(1) 突破车路状态感知与交互等关键技术,来提升交通运行监测能力和技术水平。

(2) 在提高交通基础设施承载能力的同时加快交通基础设施智能化管理升级,完善道路交通、轨道交通和水上交通的智能化监管体系。

(3) 建设大范围交通感知和数据传感网络,尽快形成权路网智能监控体系。

(4) 推动交通运输各个相关部门实现信息共享,支撑综合交通智能化协调管理,安全应急指挥和规划决策。

**2. 面向公众的综合交通的信息服务落后,需改善和提高公众出行的智能化服务水平**

这是我国智能交通产业未来亟待要加强和突破的重点,为了满足公众出行的多样化、个性化和动态化的交通服务需求,以及交通应急救援,跨行业综合交通服务需求,需要做到以下几点。

(1) 建立起交通数据采集、共享和信息发布的制度。

(2) 推进政府交通信息资源有序开放,建立起公益服务与市场化增值服务相结合的交通信息资源开发利用机制。

(3) 应用新一代宽带发展网络,应用大数据、云计算、泛在网络、智能终端等新技术、大力推进个性化的移动服务发展,创新交通信息服务商业模式,鼓励交通管理、载运工具制造、信息产业等多方组成联盟,共同推进新一代的交通信息服务系统的建立,让老百姓随时随地地享受到便捷的出行服务和安全的出行保障。

### 4.6.4　智能交通安全的解决方案

交通场景智能感知技术是应急安全体系中的重要的信息获取盆,该技术的水平高低直接关系到道路检测、运行、管理及应急处理的效果。

**1. 交通场景智能感知技术分类**

具体来说,交通场景智能感知技术可以分为交通场景的内部环境感知技术和交通场景的外部环境感知技术。

(1) 交通场景的内部环境感知技术是通过对关键基础理论模型的研究,把先进的信息技术、通信技术、电子控制技术和系统集成技术等有效地应用于交通运输系统,从而建立起大范围内发挥作用的实时、准确、高效的交通运输管理系统。该技术主要控制驾驶员的状态感知,交通流量预测以及相应的交通堵塞避免,逐步实现高速公路上汽车的自动安全驾驶。该技术将成为解决未来汽车交通带来的各种问题的一种有效手段。开发该技术的目的就是通过当前的5G信息技术和人工智能技术,有效利用现存的道路设施使得车辆、道路和驾驶者和谐地统一起来。

(2) 交通的外部环境感知技术主要是运用传感器融合等技术来获得交通场景的有用信息,如车流信息、车道状况信息、周边车辆的速度信息、行车标志信息等。交通场景的外部环境感知技术离不开相应的传感器,传感器将外界的各种光信号和声音信号转化成能够识别的电信号,其中最重要的就是道路感知模块,该模块将先进的通信技术、信息传感技术、计算机控制技术进行融合并提取成多模态的有效信息。环境感知技术主要由环境感知模块、分析模块、控制模块等组成。环境感知的传感系统主要由机器视觉识别系统、雷达系统、超声波传感器和红外线传感器组成。

**2. 交通场景智能感知技术**

目前,国内外在该研究方向也取得了一定产业化和工程化成果,包括亿像素全景复眼监控系统、基于深度学习的车辆综合信息识别系统、基于广域雷达的交通全息数据获取系统等。

(1) 亿像素全景复眼监控系统。该系统是基于仿生学原理,采用阵列长焦相机结构、通过复眼算法实现具有超强图像获取能力的成像技术。将该成像技术应用于交通相关的各类应用场景中,可实现对交通视频信息的全方位获取,同时具有看得远、宽、清,广角和特写兼备等特点。目前,该系统已有众多应用案例,包括武汉天河机场停机坪全景监控、河北省雪亮工程亿像素制高点全局态势监控等,如图4-6和图4-7所示。

图 4-6 武汉天河机场停机坪全景监控

(2) 基于广域雷达全息数据的交通治堵系统。该系统建设以广域雷达微波检测器为主的感知系统,同步检测车辆运行情况,以实现交叉口的全息检测、车辆轨迹的实

图 4-7　河北省雪亮工程亿像素制高点全局态势监控

时跟踪以及信号控制的智能化,将借助广域雷达微波检测器得到的多元化数据上传至中心平台,利用大数据平台清洗数据,整合各类数据,丰富应用模型的开发,提高应用的精确度。同时,为现有交通系统提供更加丰富的数据,提高系统分析的准确性,为交管部门实现高效指挥调度,科学处置,协调联动和快速反应提供强有力的数据支撑,如图 4-8 所示。

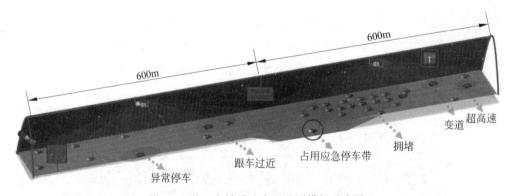

图 4-8　基于广域雷达全程监测模拟示意图

### 4.6.5　交通大数据智能分析技术

交通大数据智能分析技术是交通安全应急预警系统的基础,能有效地提高交通安全预测能力。随着计算机和网络的普及,当前数据智能分析技术正在向大规模、高性能和高精度的方向发展,发展高效的数据智能分析技术与发展高性能的计算机同等重要。因此,高性能和大规模智能分析技术已然成为当今世界研究的热点和前沿,也是推动交通安全应急技术的重要手段之一。

**1. 交通大数据智能分析技术分类**

从功能上来说,交通大数据智能分析技术具体分为交通大数据智能计算技术和交通视觉大数据智能分析技术。

(1) 交通大数据智能优化计算技术研究的智能优化计算技术能够有效地提高对交通大数据的分析能力。

(2) 交通视觉大数据智能分析技术主要是对交通视觉大数据进行智能分析,以获得交通场景的有用信息,对预防和处理交通突发事件的发生提供有益参考,对于交通安全应急技术具有重要的研究价值。在分析交通场景基本特征的基础上,对交通相关影响因素进行归纳、总结和分析。

**2. 交通大数据智能分析技术应用**

目前,国内在交通大数据智能分析方面已取得了一定产业化和工程化成果,包括基于"5G+AI"的主动安全防控分析系统、实时在途车辆数盘系统等。

如图 4-9 所示,基于"5G+AI"的主动安全防控分析系统针对交通行业目前所面临的痛点,集智能车载监控设备、多维度安全驾驶评估体系、智能风控管理体系为一体,全面分析并把控车辆驾驶过程中的风险因素,降低发生事故的风险。

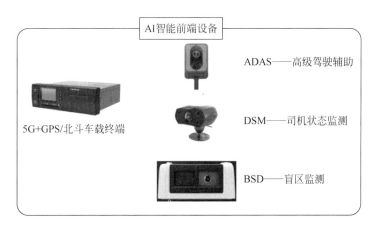

图 4-9　系统硬件示意图

实时在途车辆数盘分析系统通过融合车载 GPS 和车载设备等与车辆轨迹相关的数据,结合现有北斗系统,实现更好的车辆检测、分析功能,更精确地刻画出在途车辆数、行驶轨迹、拥堵状态,为相关政府单位研究盘清底数、建议道路改造、线路管理和优化等提供有效数据支持,同时帮助民众安全出行、智慧出行,如图 4-10 所示。

人工智能的实例应用

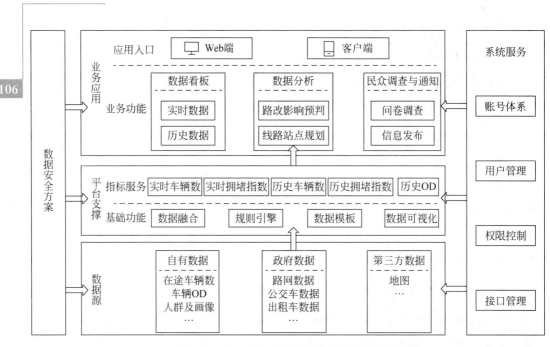

图 4-10　实时在途车辆数盘分析系统框架图

### 4.6.6　交通安全应急预警技术

交通安全应急预警技术通过前端的交通数据采集、智能分析,能够发现、上报、警示交通安全紧急情况,并同时收集、汇总、分析和展示道路、海洋、港口的交通数据,能够生成紧急状态下可行的候选策略。

**1. 交通安全应急预警技术概述**

交通安全应急预警技术能够发现、上报、警示交通安全紧急情况,并同时收集、汇总、分析和展示道路、海洋、港口的交通数据,能够生成紧急状态下可行的候选策略,建立多港联动的智能信息处理平台。

(1)交通突发事件识别与检测开发可以对道路交通突发事件的相关影响因素进行归纳、总结和分析,在分析道路交通突发事件基本特征的基础上,运用解释结构模型,构建道路交通突发事件各个影响因素之间的层次关联结构,根据解释结构模型层级模型的结果,分析导致道路交通突发事件的直接影响因素、次级因素以及根源作用因素。明确道路交通突发事件的致因机理对预防和监督道路交通突发事件的发生具有重要意义,对于交通系统应急管理具有重要的研究价值,也是降低道路交通突发事件的根本和基础,能够为预防道路交通突发事件提供有益参考。

（2）交通安全应急信息管理系统由多个层次构成，由底层向上分别为数据采集层、硬件平台层、系统软件层、数据层、交管数据处理层和数据表现层。这个架构体系综合了数据生成、存储、分析，到提供查询等服务的一系列过程，是交通安全应急管理的基础设施和支撑平台。数据采集层是将浮动车数据、一卡通数据、交通卡口数据、服务终端等数据，使用移动互联网、卫星等通信技术与交通云平台进行实时或离线通信，通过云平台接口服务将交通数据存储在硬件平台层。硬件平台层提供了云中心的计算、存储和网络等硬件资源。系统软件层提供关系数据库管理系统，以便于存储结构化数据。数据层包括海量的原始交管数据、索引数据，可存储在 HDFS 中，用 HDFS 接口进行存储和访问处理；对于数据量不大，但处理速度及性能要求高的数据，可通过关系数据库加以存储管理。交管数据处理层主要完成云平台所提供的各种功能，如车辆归属地分析、车辆轨迹查询、电子地图、流量统计和分析和报警管理等。数据表现层主要提供用户查询和监视交通数据的各种用户界面。

（3）多港联动智能信息处理平台。传统的交通分配方法研究关注常态城市交通流现象，用于组织正常情况下的交通秩序。然而，在抵御自然灾害、战争状态等极限情况时，就需要研究极限情况下的交通分配方法，有助于分析极限情况下的微观交通行为和宏观交通现象，度量极限情况下的交通网的重组织能力，评估极限情况下交通管理者的决策过程和决策影响。考虑极端情况下，建立信息港汇集海、陆、空港全生态信息，建立人流、物流和交通工具流的智能信息处理平台，形成综合的监管平台，构建产业的数字物流中间件，以海港为龙头、空港为特色、陆港为基础、信息港为纽带、完善联运服务体系为重点，不同运输方式之间相互衔接，平时发挥组合效益，实现综合交通体系优化、运输增效、物流降费，极端情况下生成可行的候选策略，为决策提供技术支撑。

**2. 交通安全应急预警技术应用**

目前，国内在交通安全应急预警技术方面取得了一定产业化和工程化成果，包括防汛防台预警发布平台、基于大数据分析的错峰停车以及车辆管理平台、海上安全服务平台等。

（1）防汛防台预警发布平台。如图 4-11 所示，该系统以防汛形势图为基础，建立信息发布一张图，政府通过管理端可对预警相关信息及人员转移引导信息进行动态标绘，实时发布，指导基层工作与人员自我转移。群众可通过公众端，实现对避灾安置点、转移路线等相关信息的主动搜索和求助。

（2）海上安全服务平台。用户能通过该平台实现海陆之间信息传输共享，通过信息方式让陆上家属和海上渔民保持联系，让渔民、渔船相关人（如船东、船员家属、合作

图 4-11　人员转移预警信息发布

社等)进行有效的互动,实现渔船信息、渔船编组、海洋气象、渔船作业动态等共享,利用北斗通信实现海陆平安消息发送。该平台经过一年多的运行,已累积发送海陆渔船监护信息 1321 条,编组关系 584 条,4000 余名家属实现互动,发送平安短信 18000 多条,可让家属第一时间了解渔船在海上运行的动态,其示意图如图 4-12 所示。

图 4-12　海上安全服务平台示意图

# 4.7　人工智能与银行金融

　　近年来,处理器速度加快、硬件成本降低、云服务普及等因素促使计算能力极大增强,用于学习和预测的数据集快速增长,为智能金融的产生提供了技术支持。金融行业良好的数据基础和服务属性使其成为人工智能最有前途的应用领域之一。智能金融的核心是金融业信息数据处理方式的全面重构。本节在对智能金融应用途径和应用场景分析的基础上，在部门结构调整、人才系统升级、权责划分、法律法规的重新定义、金融市场可能出现的新风险以及监管力度的把握等方面提出建议[29]。研究也有助于为金融业各方应对人工智能对金融业的冲击提供思路，促进人工智能与金融业更好地融合。

## 4.7.1 人工智能在金融领域的应用途径与应用场景

### 1. 应用途径

机器学习可以在海量的金融大数据中学习各种规律和方法，应用于金融业务的各个阶段，从而有效地优化流程、提高效率。指纹识别、人脸识别、虹膜识别和指静脉识别是金融行业应用较为广泛的 4 项生物识别技术。自然语言处理可以显著提升金融行业获取、清洗、加工和分析数据的效率。语音识别通常与语音合成技术相结合，提供基于语音的自然流畅的人机交互方法，主要用于电话客服和各类智能终端的语音导航、业务咨询等场景。知识图谱从"实体-关系"的角度整合金融业现有数据，并结合外部数据建立连接，形成大规模的实体关系网络，便于有效地挖掘潜在客户、预警潜在风险，帮助金融业提高效率、优化流程。

### 2. 应用场景

智能客服利用自然语言处理技术和知识图谱，提供知识管理、语言应答、多角度可配置统计分析及人工辅助服务，促进企业与用户之间的有效沟通，改善用户消费体验，帮助企业统计和了解客户需求，实现业务的精细化管理。

智能投顾使用计算机程序评估用户的风险偏好和理财需求，提供自动化、个性化的理财方案、配置建议。

智能投研指利用大数据和机器学习智能地整合数据、信息和决策，实现数据之间的智能关联，从而自动完成信息收集、清洗、分析和决策，自动实现从信息搜索到投资观点的一步跨越。

智能保险利用大数据、人工智能、区块链等技术实现保险的全流程优化，通过跨平台获取用户信息，创建用户画像，优化定价、信用评级、精准营销等流程，为用户提供个性化的产品推送。

智慧银行利用人工智能、大数据等技术实现银行服务方式与业务模式的再造与升级。包括智慧网点、智能客服、刷脸支付、智能风控、精准营销和智能化运营。

智能信贷基于大数据和人工智能等相关技术,优化和监控在线信贷业务的全流程,从而提高风控能力和运营效率,降低人员维护成本。

智能支付主要体现在两个方面,一是采用生物识别技术,实现指纹支付、刷脸支付;二是使用 NFC 进行支付。

智能监管通过智能巡检系统发现高频交易、算法交易和大额成交等异常行为,并通过自学确定何时需要执法干预,以便迅速采取措施减少市场影响。

### 4.7.2 人工智能在金融领域的应用

目前,人工智能在金融领域最为炙手可热的应用包括智能客服、智能征信及反欺诈和智能投顾等 3 个领域,下面将分别进行介绍。

**1. 智能客服**

客服目前在各个行业中都扮演着越来越重要的角色,尤其是金融行业。客服部门是金融企业提升客户满意度,展示企业形象的非常重要的部门。随着微信公众号、App、网页等沟通渠道的发展,以及客户交付习惯的改变,客户不再局限于通过呼叫中心与企业进行交互,而是通过更加便捷的在线交互的方式与企业之间进行交互,从而使得交互数量大大增加,为维持客户服务的满意度,各个企业都要投入大量的成本。对于企业来说,客服部门往往又是重要的成本中心,较难直接产生收益,已成为金融行业的一大痛点。目前仅招商银行信用卡中心,每天除呼叫中心以外的在线客服交互量达到了 200 万次左右,如果采用人工客服来提供服务,每年可能需要增加数亿元的成本。而将人工智能应用在智能客服领域的智能客服机器人可以很好地解决金融机构在客服方面的痛点,大大节省成本、提高客户服务效率及满意度。基于人工智能在自然语言理解以及智能知识库方面的技术,智能客服机器人可以理解客户通过各种交互渠道以平常口语化的表达提出的客服问题,并基于智能知识库对客户的问题进行及时准确的答案搜索,并通过自然语言的方式进行回复。由于智能客服机器人的知识库相较于人工客服更加强大,而且不会存在遗忘、情绪等问题,所以会给客户更加高效、准确、专业的客服体验。以小 i 机器人为例,目前招行信用卡中心,每天在线交互的 200 万次客户交互中,通过小 i 提供的智能客服系统可以直接回复其中 95% 的问题,问题的解决率可以超过 99%。大大提升了招行信用卡中心的客户服务效率,节省了大量的成本。越来越多的金融企业也开始选择使用智能客服解决方案,来作为原有人工客服系统的补充或部分替代原有的人工客服系统。

**2. 智能征信及反欺诈**

金融体系是以信用体系为基础的,但是由于中国传统的征信体系主要由政府主导，所以征信数据的覆盖范围相对有限。据报道，央行的征信数据仅覆盖 3.8 亿人，主要来自信用卡数据、车贷、房贷信息等，还有大量的人口没有征信数据，这大大影响了他们享受传统金融机构提供的服务。同时，中国还有大量的小微企业没有征信数据。这部分的个人和小微企业意味着巨大的金融业务市场空间，但是如何解决对这部分个人和小微企业的征信成为打开这部分市场的关键。

此类智能风控领域的公司核心竞争力在与场景、数据及算法的结合。在智能风控领域的人工智能创业公司都在努力开辟独特的数据获取渠道，尽可能合规而全面地获取目标对象的数据，并利用深度学习、机器学习等人工智能技术，对相关的数据进行分析，发现对确认目标对象有价值的数据信息，并按照一定的规则进行计算，确定该目标对象的综合信用评分。可能收集的信用数据的领域非常广泛，包括了电商、运营商、社交媒体、金融机构、公积金管理部门、社保、工商登记信息、司法信息等渠道。对于社交关系的数据将收集包括目标对象关注的社交媒体主体、粉丝数、口碑情况以及所在的社交圈的综合情况等。通过分析收集的大量信息，能够给目标对象一个全面的信用评分。而且随着数据量的积累，这种评分更为全面真实，比传统的征信评分更能符合目标对象的真实信用情况，可以作为金融机构向目标客户提供金融服务的重要依据。同时，通过将大数据、人工智能与风险管理深度结合，打破信息的孤岛，深度挖掘数据之间的关联，可以同时解决信贷反欺诈的风险。

目前该领域的公司主要的业务模式分为 ToB 和 ToC 两类。其中，ToB 是指为 B（Business）端客户，主要是中小银行、小额贷款公司和消费信贷公司提供目标对象的信用评分，根据出具的信用评分的数量收取费用。如国内领先的第三方智能风控服务商同盾科技，目前已经向超过 7000 家机构提供智能风控管理服务，客户覆盖银行、保险、券商、理财、电商、游戏、社交网络等领域，形成了数据的生态体系。ToC（Consumer）业务是直接基于对目标对象的信用评分为客户提供消费贷款和小额贷款，获取利息及服务费收入。其拥有独特的信息收集维度和先进算法，能够对大数据进行处理，而且已经获得 B 端客户认可的智能投顾企业，具有较高的投资价值。

### 3. 智能投顾

智能投顾是将人工智能与金融结合的另一个火热的领域。智能投顾作为一种新兴投资模式，近年来在美国市场快速崛起，智能投顾将人工智能具备的强大的数据分析能力、深度学习及分析能力应用于投资分析领域，基于强大的自然语理解能力、数据分析能力，大量地、不知疲惫地分析投资市场的公司的定期报告、财务数据、市场传闻等信息，其信息获取和分析的效率和范围远远超过人类投资顾问的能力。通过在大量数据分析基础上做出的投资决策，其准确性超越人类投资顾问丝毫也不应该惊奇。

智能投顾平台需要有很强的投资能力与资产配置能力。无论是人工投顾还是智能投顾,能够为客户降低投资风险,稳定获取投资收益都是其核心竞争力。其次,智能投顾平台也需要有强大的运用人工智能(机器学习)、大数据、云计算等高新信息技术的能力。智能投顾必将成为未来市场投资顾问的主力,并将大大改变现有的资产管理产业格局。具有核心的技术能力,能够在中国特定市场条件下,通过一定时间的检验,持续为客户获取稳定投资收益的智能投顾将成为最终的胜利者。

### 4.7.3 人工智能对未来金融市场主体的影响

#### 1. 人工智能对商业银行的影响

人工智能对商业银行的影响主要体现在以下 3 个方面。

(1) 有助于商业银行走出逐渐被边缘化的困境。近年来,金融市场化改革的加速导致银行垄断市场的局面被打破。直接融资的巨大发展导致银行渠道间接融资大幅度萎缩。支付宝与微信抢走了大部分商业银行的重要中间业务收入来源,同时也冲击了银行赖以生存的存款等负债业务。商业银行凭借自身雄厚的资金实力和丰富的数据累积,引入智慧网点、智能支付、智能风控、精准营销和智能合同等,有利于在贷款和支付结算领域抢回原有的用户和市场份额。

(2) 有助于提高商业银行的征信能力,降低经营风险。在信贷领域,近几年银行的不良贷款迅速暴露,呈增长趋势。智能金融借助大数据挖掘分析的优势,深度挖掘金融交易对手的信用状况,来决定是否与交易对手发生金融交易,可减少不良贷款。在支付领域,相比数字密码,指纹或人脸独特、稳定且难以复制,没有记忆过多数字的烦恼,也省去了输入密码的过程,安全性更高。

(3) 有助于提高商业银行的经营效率,节省经营成本。越来越多的商业银行配备智能柜台机,银行的离柜交易量越来越大,未来物理性的银行网点将会越来越少,这样就省去了大量的设施成本。基于各银行 APP 推出的智能客服,也将省去很多人力成本。

随着人工智能对商业银行影响日深,目前还需要解决以下问题,一方面,商业银行现有的数据量大多比较陈旧且破碎,相比支付宝在融资到消费、投资全程一体化的模式下获取用户全部金融数据,传统商业银行的数据则是碎片化的。同时,商业银行的客户大数据严重流失,银行对客户数据获取能力严重下降,现有数据相对比较陈旧。另一方面,商业银行的内部人员结构中缺乏复合型人才和科技人才,创新活力不足,在科技实力方面远远落后于"BATJ",以及后起的华为。

为了应对以上问题,商业银行可以从以下方面着手改进。

(1)与科技企业合作。一方面可以利用科技企业提供的技术;另一方面可以使用互联网科技企业积累的大数据,推动建立金融数据共享体系。花旗银行、富国银行、桑坦德银行等国际大型银行都已有所行动,而国内的商业银行才刚刚开始意识到这一点。

(2)重视人才培养,引入复合型人才。商业银行应加大对员工队伍的整合,要在人才培养机制的基础上,高度重视并积极建立灵活的人工智能人才引留机制,为高级技术人才提供良好的发展空间。为加快人工智能专家队伍建设,积极挖掘内部资源,培养兼顾技术和业务的专家。

**2. 人工智能对非银行金融机构的影响**

人工智能对非银行金融机构的影响主要体现在以下 3 个方面。

(1)最直接的影响是提高运营效率,节省运营成本。以往金融分析师花很长时间才能完成的工作,机器人可以在几秒钟内完成。如果智能投顾研发成功,那么将会给研发者带来即时的高回报。虽然研发阶段的一次性投入成本较大,但边际效益高,边际成本小。此外,机器人不但全年无休,而且避免了在工薪、劳动保护等存在各方面的雇佣纠纷的可能性,在忠诚度、稳定性方面几乎没有问题。

(2)提供个性化服务,提高吸引客源能力。人工智能基于分层设想,探索具备智能特征的适当性管理形式,针对不同层级的账户权限和产品风险,匹配不同等级和不同方式的适当性管理规范。例如,德意志银行推出的机器人顾问 AnlageFinder,利用问卷调查和计算机设计的程序算法,为客户提供股票投资组合的建议。这种个性化服务,能够同时实现提升客户体验、增加客户收益、降低客户支取的服务费用,对非银行金融机构来讲实际上是一种双赢。

(3)降低经营风险,使风险更加可控。这一影响主要体现在保险行业。与商业银行不同,智能保险运用大数据技术构建定价和反欺诈模型,以有效评估覆盖客户承保前、中、后的风险。通过大数据分析促进核保流程自动化,缩短核保时间,提高核保准确度,主动挽留高退保风险客户,并分析不同客群退保原因,降低退保率。

随着人工智能对非银行金融机构影响日深,目前还有一些问题急需解决。一方面,非银行金融机构在优化升级过程中面临的第一个问题仍然是科技和人才的缺乏。另一方面,智能理财模式的被接受程度可能较低,受传统理财观念和习惯的影响,投资者可能更期待和理财顾问面对面地交流。由于人工智能刚开始应用到金融领域,目前尚处于试验阶段,客户对没有情感的机器人的信任程度较低。

同商业银行一样,非银行金融机构应加大与科技企业的合作力度,利用科技企业的技术和大数据,提高金融服务的科技含量和准确度;调整人员结构,重视人才培养,引入复合型人才。同时,还应加强新型投资理念的宣传教育,增强客户对智能服务的认识和信任度。

**3. 人工智能对金融监管机构的影响**

人工智能对金融监管机构的影响主要体现在以下方面。

(1)提高金融监管效率。在中国,沪深两大交易所各自掌握的检测系统主要分为对内部交易的监察、对重大事项交易的监察、联动监察机制和实时监察机制四个方面。这套监控系统有一定的大数据分析能力,并有实时报警等功能,主要用于跟踪和判断盘中的异常表现。

(2)降低执行成本。在传统的监管模式中,从大量信息中进行人工筛选和现场调查确认等都要耗费大量的人力和物力,而自动化的智能监管省去了大量的人力物力成本。

随着人工智能金融监管机构影响日深,目前还有一些问题急需解决。一方面,跨界合作将加大金融市场的监管难度,原来金融的归金融,科技的归科技,人工智能应用到金融领域后,权责界限不再那么分明,出现了监管空白区,一旦市场出现动荡,究竟该找哪一方问责便成了问题。另一方面,可能出现监管过度的情况。面对新技术对传统金融的冲击,监管部门急切想要维护市场秩序,可能导致金融创新受到打击,智能金融发展缓慢。

为了应对以上问题,金融监管机构可以从以下方面着手改进。

(1)监管部门应该改革和完善监管体系,尽快划出监管红线,明确划分权责界限。根据新金融模式暴露出的问题,对相关法律规章制度作出修改和完善,开展混业监管和跨地区监管。

(2)需要增强科技管理能力,创新监管方式。深入研究科技创新领域的风险,开发和完善信用评价体系,健全风险分担体系,利用金融科技来监管金融机构。

(3)监管部门应给予智能金融足够的发展和试验时间与空间,监管的力度和范围要和风险程度成比例。社会舆论也要做到积极引导,避免发生一边倒的情况,要明确重点,避免误伤其他金融类型。做到在发展中规范和规范中发展。

(4)承担起推动建立数据共享体系的工作。只要实现了数据共享,金融市场就难以形成垄断。2017年,中国人民银行推出"网联"政策来应对阿里、腾讯的垄断趋势,但进展十分缓慢,效果也不明显。这方面的工作仍不能放松。

**4. 人工智能对金融从业人员的影响**

从人工智能和人类的替代关系上来讲,人工智能在金融领域的应用对金融从业人员似乎没有积极影响,其实不然。人工智能应用于传统岗位,可以使金融从业人员从大量烦琐重复的劳动中解放出来,极大地提高工作效率,缩短工作时间。

随着人工智能的发展,短期内可能造成大量金融从业人员失业。随着金融智能化的发展,不仅柜员之类的前台服务人员将被取代,金融分析师、信贷资产评估师、理财投资分析师、金融股票外汇期货等部门的分析师,无一例外将被取代。CFA协会已意识到这一危机,将人工智能列入CFA考试内容,希望持证人能充分利用人工智能来指导投资决策。

从从业人员自身角度来讲,要与时俱进,及时更新自己的知识储备,积极学习相关操作技能,与人工智能和谐共处。而对金融机构来讲,应及时开展新技能培训,提升员工的工作能力和素质。政府也应该给予相关政策的支持,及时更新大学等科研机构的课程,培养出与时俱进的实用型人才。目前,在国内的中国人民大学和浙江大学已经开设智能金融的相关课程,但都还处于试验阶段。

## 4.7.4　人工智能在金融行业的核心竞争力

从近年的走势来看,传统金融机构由于存在对系统和流程建设的重视程度不够,及时监测违约风险的能力不足,系统性的风险预警机制尚未建立等原因,导致在风险管理方面存在诸多问题。同时在央行宏观审慎评估体系(MPA)实施以及监管日益趋严的环境下,金融机构需要改变以往的管理思路,通过运用人工智能等新科技手段不断增强自身的主动式风险管控能力以便应对未来的挑战。

**1. 人工智能与大数据等技术相互融合,共同推动金融行业发展**

在人工智能＋金融行业中,人工智能与大数据、云计算以及区块链技术并不是相互割裂的,更多地表现为相互依存的关系。大数据可以为人工智能技术在机器学习训练、算法优化等方面提供丰富的养料;云计算为大数据提供超强的运算和存储能力,显著降低运营成本;区块链解决了大数据、云计算、人工智能技术存在的信息被泄露、篡改的安全性问题,使得金融交易具有更高的安全性。人工智能技术作为金融行业未来发展的核心驱动力,与其他相关技术一道共同促进金融行业转型升级。

**2. 人工智能＋金融行业核心技术梳理**

首先,人工智能技术助力金融场景实现智能化。就人工智能而言,在金融行业的相关场景中以机器学习、知识图谱、自然语言处理、计算机视觉这四项技术应用较多。机器学习(尤其是深度学习)作为人工智能的核心,作为金融行业各类智能应用得以实现的关键技术发挥极其重要的作用;知识图谱利用知识抽取、知识表示、知识融合以及知识推理技术构建实现智能化应用的基础知识资源；自然语言处理通过对词、句子以及篇章进行分析，对于客服、投研等领域效率的提升提供了有力支撑；计算机视觉技术通过运用卷积神经网络算法在身份验证和移动支付环节广泛应用。

**3. 人工智能＋金融行业商业模式**

当前，不仅是科技巨头和细分领域标杆企业作为技术提供方为金融行业赋能，传统金融机构也正在利用自身资源创立或与互联网科技公司合作形成新的金融服务模式，加快人工智能技术的扩散速度，使更多金融企业分享科技红利。基于开放的技术平台、稳定的获客渠道与持续的创新活动，金融机构的行业资源优势与互联网科技公司的技术沉淀优势相结合，重新定义价值链创造模式，在提高客户使用效率与服务满意度的同时，重建新型商业逻辑，推动双方价值资源共享，逐步形成人工智能＋金融行业的生态与市场格局。在此基础上，各类技术提供方围绕基础设施、流量变现和增值服务等关键环节，形成差异化服务能力与多样化盈利模式，并不断拓展新型商业模式与蓝海市场，利用长尾效应为行业创造更大的价值。

## 4.7.5 智能金融系统

**1. 积极影响**

智能金融有助于解决中小微企业融资难的"麦克米伦缺口"问题，提高金融资源配置效率，实现普惠金融、大众金融。在中国还有助于推动农村金融的发展。长期以来，由于商业银行很难获取中小微企业的信用状况而不愿给中小微企业贷款。智能金融可以利用科技手段获取中小微企业的信用状况，创新出给小微企业、个体商户、小微经营者量身定做的金融支持工具，为解决这一难题提供了很好的思路。浙江网商银行就是一个成功的案例。

智能金融能够推动金融市场更加规范、有序运行。人工智能技术能够通过整个大数据体系自动识别出金融诈骗和违规交易行为。在金融领域，人工智能的应用排除了人的主观性因素的影响。在庞大的智能金融体系中，既定的规则是极其复杂而又透明的，几乎不可能被个人或某一利益集团操控。完善的征信体系将对金融业内各方行为起到约束作用。在智能金融模式下，信息透明度非常高、传递速度十分迅速，极大地提高了市场信息的对称性，这将使政策和法律法规执行的效果更佳。

**2. 可能出现的问题**

（1）各种"伪金融"公司，借着创新科技的名义混入金融行业，给金融市场带来不稳定因素。例如，近两年连续传出"暴雷"消息的"P2P"。

（2）交易行为趋同可能会加大市场波动。具有相似背景和使用相似投研系统的用户将可能获得相同的投资建议，如果较多市场主体采用了相同或类似的算法，很可能产生相同的交易行为。例如，市场可能发生单一卖出而无人买入的情况，从而在短期内给市场带来较大的冲击。

（3）人工智能的介入可能会过度加剧金融市场变动，导致市场参与者的多样化丧失，形成垄断。例如，在中国，以 BATJ 为代表的科技巨头涉足金融行业后垄断格局日益显著。

（4）技术风险加强。智能金融对技术的依赖性越来越高，在金融系统中，技术漏洞引起异常交易、市场波动等风险事件具有极强的不确定性。一旦遭遇黑客袭击、病毒入侵，可能会导致数据丢失、客户信息泄露甚至整个系统瘫痪。

**3. 解决对策**

在技术方面，要升级优化加密技术，做好信息保护和系统防护工作，及时进行信息备份。同时完善人工智能模型的设计步骤，指导人工智能模型的全生命周期实施过程，提供并保证人类能够介入纠正错误的机会，当错误发生时人有最后的决策力。

## 4.7.6　人工智能与未来银行

如今，更多的银行系统应用了人工智能技术，比如，以人脸识别进行远程登录和开户、实施智能引擎授信发放贷款，应用语音识别技术进行相应的客户服务等。在将来，银行业会增加人工智能的应用范围，比如在数据分析时融入语音、影像数据，根据数据分析，实现相应的市场跟踪、进行信用分析、有效挖掘客户等。有效应用人工智能技术能更好地帮助银行业务实现标准化、智能化、模型化，同时可以有助于授信决策、实施风险预警、开展有效监督。

**1. 在银行业应用人工智能的各种技术类别**

（1）语音识别及语言智能处理技术。这样的技术可以进行智能客服及语音数据的深入挖掘。其中，智能客服利用实时语音识别和语义分析技术对客户各种需求实施准确理解，实现远程客户服务、进行实时业务咨询，以及即时办理业务等，进而大大减轻了人工服务和业务办理的压力，并且也可以有效降低企业的运营成本。对文件语音数据实施深入充分收集整理，对智能客服语音数据进行结构化，划分不同类别，深入数据特征及相应信息深入挖掘，建立相应模型，对今后的知识管理、市场营销等各种业务实施相应数据和决策支持，促进银行业务稳定发展。

（2）计算机视觉和生物特征的有效识别技术。这类技术能应用于信息安全防控及业务的有效推动。信息安全防控是应用摄像头的有效监控,对可疑人员有效识别,对其可疑行为实施及时有效提示。比如,进行识别来人手持物品是否有问题、脸上是否有面罩、行动速度是否异常,或者出现人员倒地等各种情况。人工智能技术也能利用摄像头对取款人的真实身份有效识别,可以和银行卡持卡人信息实施对比,避免发生盗刷情况等。业务的推广过程中应用相应的人脸识别技术,能更好地做到进行远程开户和登录,对 VIP 客户准确识别,并提供相应的个性化服务,也能利用人脸识别技术实施发放贷款业务等。

(3)机器学习和知识图谱智能技术。这样的技术可以应用于智能投顾、风险分析、授信决策等各个方面。在具体的银行业务实施和运行中,将会产生大量的信息数据,比如相应的行业业务、大量用户行为信息、语音资料、图像识别等各种数据,经过数据清洗、结构化处理的行业信息数据,应用机器学习算法实施相应的训练学习,建立模型,能对数据中不统一不一致性实施有效检测,进而实施风险分析及授信决策。相应的机器学习也能结合用户交易信息数据及行为数据进行交易变化走向和趋势的科学合理预测,对用户的还贷能力进行科学评估,也会做到对个人客户实施批量投资顾问进行有效的服务。从对人工智能应用在银行业中的情况具体深入分析可以得到,人工智能可以简化银行内的相应业务流程,对客户服务时间可以大量减少,能快速实现商业价值。并且,广泛和深入应用人工智能技术,会让信息安全和相应的银行业务出现更多交集,导致银行业会面临更复杂和更多元化的安全威胁,以传统安全方法和措施不能很好地有效应对。人工智能技术的融入,使银行业务实现了虚拟化进而智能化,这是保障银行信息安全的好机会,同时也面临更大的挑战。

**2. 人工智能技术带给银行信息的安全风险及防范措施**

(1)大量信息数据的管理。人工智能技术让银行业务更具有高效性和便捷性,可是人工智能技术要对大量用户信息数据不断进行统计和分析,进而数据应用链条被拉长了;同时,大数据背景下,信息数据内容的衍化和更新更频繁,导致数据边界逐渐变得模糊,所具有的访问主客体关系也会变得更复杂,对大量信息数据的加密有了更高要求。应用链条的拉长及数据关系的复杂会导致出现很多安全漏洞,所以要加强对黑客入侵实施安全预防和处理,保证信息数据的有效管理。

(2)互联网依赖性处理。人工智能进行的自动化交易发展及交易清算系统在不断加速,进而提高了市场效率,让银行系统更依赖互联网,互联网运行受到影响有各种各样的因素,比如网络设备的故障、病毒入侵、网络的不稳定等,所以,过度依赖互联网导致银行系统风险大大增加。同时,假如用户不能熟悉人工智能,或者对投资理财知识了解不多,盲目对人工智能进行依赖,将会给客户带来更大的财产损失。因此,要对工作的人员和用户普及互联网和人工智能知识,有效防止相应风险。

(3)多元业务和信息调控。应用在银行系统的人工智能技术在不断发展和推广,改变了银行业务的运行规模,信息安全和业务的关系也更复杂,信息安全存在多元性,更难以实现有效的法律监管和追责,例如,应用机器学习获得的数据模型,因数据的不健全而受到相应误导,由人工智能自身具有的决策机制而发生的行为不能进行有效追溯。所以,要加强人工智能技术应用管理,确保业务和信息数据的准确和规范,防止发生各种风险。

综上所述,人工智能技术在银行业当中的有效应用,可以实现银行业务的标准化、智能化和模型化,提高了银行业务的办理效率。在应用各类型人工智能技术的同时,也要重视人工智能技术带来的信息安全风险隐患,有效促进人工智能技术的有效应用,同时推动银行业的稳定健康发展。

# 4.8　人工智能与机器人

机器人是人工智能技术的重要组成部分,对智能机器人的研究和制造是当前人工智能最前沿的领域,在很大程度上代表着一个国家的高科技发展水平。在这里我们将介绍机器人的发展、智能机器人的概念及其发展趋势,以及智能机器人在各个领域的应用。

## 4.8.1　机器人发展史

机器人是一种自动机器,除了有目的的拟人化外,绝大多数情况下它的外形与人毫无共同之处。机器人与一般的自动机器又有很大的差别,第一,机器人利用计算机进行控制,只要改变程序,便可以做不同的工作;第二,机器人能够进行灵巧的运动,能像人一样做一般机器无法完成的工作[30]。自从 20 世纪 50 年代末,世界上第一个机器人诞生以来,机器人技术的发展速度惊人,从技术角度来看,机器人的发展经历了三个阶段。

### 1. 第一代机器人——工业机器人

第一代机器人是工业机器人,这种机器人只能按照预先设计好的程序完成规定的重复动作。程序一经装入,它就只能死板地照此工作,不管外界条件有什么变化,它都不能做相应的调整。要改变机器人的工作,只有由人去改变机器人的程序。通常一个机器人可以存放上百种作业的动作和编写程序。这种机器人最重要的特点是具有记忆功能,经过一次示教,便可以无限地重复这个动作,准确、可靠、不走样。目前世界上广泛应用于工业生产的大部分机器人,都是这一类的机器人。

**2. 第二代机器人——初级智能机器人**

第二代机器人是基于传感器信息的离散编程工业机器人,又称为初级智能机器人。传感器是人工制造的能够感知外界信息的装置,因此,这种机器人可以根据外界条件的变化,在一定范围内自行修改程序,但修改程序的原则是由人事先规定好的。由于这类机器人可通过传感器感知外部的信息,因此增加了对工作环境的适应能力。但它传感的信息还很少,不能满足各种需求。在工业生产中的许多组装机器人便是这一类机器人。

**3. 第三代机器人——智能机器人**

第三代机器人是智能机器人。智能机器人是指可模拟人类智能行为的机器。智能机器人一般装有多种传感器,能识别作用环境,能自主决策,具有人类大脑的部分功能,且动作更加灵活准确。是接收指令后能自行编程的自主式机器人。这类机器人有感觉、有判断或认识功能,能决定自身的行为。它可以不需要人的照料,完全独立地工作。目前,这种机器人还在不断开发中,要达到真正实用的目标,还需要一段时间。

人工智能的所有技术在智能机器人的开发中几乎都有应用,因此,智能机器人的研制被当作人工智能理论、方法、技术的试验场地;反过来,对智能机器人的研制又可大力推动人工智能研究的发展。

## 4.8.2 国内外智能机器人的发展近况

目前,机器人在世界上许多国家都得到了广泛的应用。随着机器人技术的不断发展和进步,现在已有 150 万机器人遍布在世界各地,从事清洁、勘探甚至星球探测的工作。在汽车工业中,日本每万名工人机器人占有 909 台,意大利为 400 台,美国 370 台,德国 340 台,瑞典为 300 台,法国为 220 台,英国为 150 台。此外还有太空机器人、警卫机器人和保洁机器人、家庭服务机器人、消防机器人等。

**1. 类人型机器人**

研制具有人类外观特征、可以模拟人类行走和基本操作功能的类人型机器人,一直是人类机器人研究的梦想之一。类人型机器人的研究,涉及的领域宽广、综合性很强,是机器人研究的尖端。

世界上第一个可以进行自我控制、依靠两腿行走的类人型机器人出现在 1996 年

12月。它身高1.820m,体重210kg。采用无线电技术,该机器人的躯干内安装有计算机、电机驱动器、电池、无线接受器等装置。在不需要导线控制的情况下,该机器人可以独立行走、上下台阶、推车等,实现了独立的操作。

第一个完全独立,依靠两条腿行走的类人型机器人诞生于1997年9月。身高1.600m,体重130kg。通过改换部件材料,以及将控制系统分散布置,降低了身高,减轻了体重。较小的尺寸更适宜在人们的生活环境中使用。

2000年,日本本田公司研制开发的类人型机器人阿斯莫(ASIMO)诞生,如图4-13所示。从2000年到现在,阿斯莫不断更新换代装备新技术,变得越来越灵活,越来越聪明。2000年的第一个阿斯莫只能根据事先设计的程序行事,走起路来步履蹒跚,有时需要操作员扶持。

图4-13　机器人阿斯莫(ASIMO)

2002年12月,经过改进的阿斯莫装备了智能软件,变得聪明起来,能够辨貌喊人,人伸出手时,它会上前和你握手,并能与人流利地对话。2004年本田公司推出了新一代ASIMO,重52kg,高1.2m,可以与人共舞,能与人对话,会爬楼梯,还会向观众讨掌声。2005年12月,本田公司又推出了最新一代ASIMO机器人,它身高1.3m、体重54kg,行走速度为每小时6km,行动灵活,能够从工作人员手中接过茶杯,端茶送水,目前,这种机器人共有40个。本田公司计划通过租赁的方式,让ASIMO到一些公共事业或企业去打工,估计每年可为公司带来2000万日元的收益。

2000年11月,日本成功开发模仿一岁婴儿行走的机器人皮诺。它全身有26个关节,脚心装有一个传感器,可测量重心,眼睛可分辨颜色,可自测距离,并能蹒跚行走。

2005年6月,在日本"2005世界博览会"上,日本大阪大学科学家石黑浩教授展示了他发明的一种完全具有人类女性外貌的机器人——雷普莉Q1号。这个机器人不仅拥有柔软的硅树脂仿真肌肤,体内还装有大量传感器和电动机,可以使她像人类一样运动,如转身、做手势、向参观者说话,甚至会眨眼睛和"呼吸"。"她"还不是很完美,目前只能坐着,无法直立行走,有时会毫无预兆地"痉挛"。但许多机器人专家认为,在制造机器人时应尽量避免机器人的外表太过人格化,以免触犯机器人研究的禁忌——"恐怖谷理论"。

**2. 微型机器人在医学上的应用**

微型机器人在医学上的应用正愈来愈受到科学家们的重视。2000年德国汉诺威世界博览会展出了一种潜艇式微型机器人,它小得几乎看不见,长不到4mm,宽小于0.5mm,螺旋桨曲轴直径只有百分之一毫米,也就是一根头发丝的十分之一。它可以很轻松地穿过普通注射器的针头而注入生物体内。科学家们设想利用微型或极微机器人将特效药物迅速送到人体的关键部位;或在病灶处进行手术操作,清除癌细胞、清除血栓;或携带仪器、设备和传感器,对人体进行各种检查并将数据传递出来等等。

**3. 太空机器人的研制**

太空机器人,在探测星球方面具有独特的优越性,正发挥越来越重要的作用。它不需要吃喝、不需要受训,不会生病,不受恶劣环境的影响,并且工作效率高。

美国"探测者"登月舱堪称是世界上第一个真正的太空机器人,它有一个可伸缩的机械臂,既能在太空作业,也能在月球表面采集标本。

最近,美国研制了一种称为"蛇"的机器人,这种"蛇"可以在行星表面高低不平的地带进行探测活动。它的身体由16段组成,每段长6.4cm,可以像昆虫一样向前爬行。它不怕翻倒,遇到障碍物时,会不断尝试翻越。据估计再过十年左右,它就可用于执行行星探测任务。

目前,美国正准备投入300万美元研制一种太空机器人,取名为"机器宇航员"。它不仅能熟练地使用宇航员经常使用的各种工具,还拥有一个树形中枢神经,是由传感器组成的网络,它可以代替宇航员在星球上收集各种资料。

我国较早进行机器人研究的国防科技大学,在国家863计划和国家自然科学基金的支持下,一直从事两足步行机器人、类人型机器人的研究开发,1990年成功研制出我国第一台两足步行机器人。在此基础上,经过十年攻关,又于2000年11月成功研制出我国第一台类人型机器人——"先行者"。这台类人型机器人可以前进、后退、左、右侧行,左、右转弯、前后摆动手臂,并可快速行走,实现了机器人技术的重大突破。

2006年4月,中国代表团在第13届国际家用机器人灭火赛中,一举获得3项冠军,在这次比赛中还首次引入了由中国设计的竞赛项目——广茂达机器人足球赛,这是中国首次主导制定国际机器人赛事规则。

## 4.8.3　机器人系统中的人工智能

机器人一般由执行机构、驱动器、检测装置和控制系统等组成。

### 1. 执行机构

对于执行机构最广泛的定义是，一种能提供直线或旋转运动的驱动装置，它利用某种驱动能源并在某种控制信号作用下工作。执行机构即机器人本体，其臂部一般采用空间开链连杆机构，其中的运动副（转动副或移动副）常称为关节，关节个数通常为机器人的自由度数。根据关节配置形式和运动坐标形式的不同，机器人执行机构可分为直角坐标式、圆柱坐标式、极坐标式和关节坐标式等类型。出于拟人化的考虑，常将机器人本体的有关部位分别称为基座、腰部、臂部、腕部、手部（夹持器或末端执行器）和行走部（对于移动机器人）等。由于用电作为动力具有其他几类介质不可比拟的优势，所以电动型近年来发展最快，应用面较广。电动型按不同标准又可分为组合式结构和机电一体化结构、电器控制型、电子控制型、智能控制型（带 HART、FF 协议）、数字型、模拟型、手动接触调试型和红外线遥控调试型等。它是伴随着人们对控制性能的要求和自动控制技术的发展而迅猛发展的。

### 2. 驱动器

驱动器是机器人的动力系统，相当于人的心血管系统，一般由驱动装置和传动机构两部分组成。因驱动方式的不同，驱动装置可以分成电动、液动和气动三种类型。驱动装置中的电动机、液压缸、气缸可以与操作机直接相连，也可以通过传动机构与执行机构相连。传动机构通常有齿轮传动、链传动、谐波齿轮传动、螺旋传动、带传动等几种类型。

### 3. 检测装置

检测装置的作用是实时检测机器人的运动及工作情况，根据需要反馈给控制系统，与设定信息进行比较后，对执行机构进行调整，以保证机器人的动作符合预定的要求。作为检测装置的传感器大致可以分为两类，一类是内部信息传感器，用于检测机器人各部分的内部状况，如各关节的位置、速度、加速度等，并将所测得的信息作为反馈信号送至控制器，形成闭环控制。另一类是外部信息传感器，用于获取有关机器人的作业对象及外界环境等方面的信息，以使机器人的动作能适应外界情况的变化，使之达到更高层次的自动化，甚至使机器人具有某种"感觉"，向智能化发展，例如视觉、声觉等外部传感器给出工作对象、工作环境的有关信息，利用这些信息构成一个大的反馈回路,从而将大大提高机器人的工作精度。数据融合应用于传感器网络的研究已相当广泛,特别是在网络层以数据为中心的路由算法和协议。数据融合是一门跨学科的综合理论和方法,其可借鉴其他领域的一些新技术和方法,如人工智能领域中的专家系统、模糊逻辑和人工神经网络等技术。这也是整个机器人控制的检测装置中用到的人工智能技术与基础。

### 4. 控制系统

控制系统有两种方式。一种是集中式控制,即机器人的全部控制由一台微型计算机完成。另一种是分散(级)式控制,即采用多台微机来分担机器人的控制,如当采用上、下两级微机共同完成机器人的控制时,主机常用于负责系统的管理、通信、运动学和动力学计算,并向下级微机发送指令信息;作为下级从机,各关节分别对应一个CPU,进行插补运算和伺服控制处理,实现给定的运动,并向主机反馈信息。根据作业任务要求的不同,机器人的控制方式又可分为点位控制、连续轨迹控制和力(力矩)控制。

人工智能控制技术一直没能取代古典控制方法。但随着现代控制理论的发展,控制器设计的常规技术正逐渐被广泛使用的人工智能软件技术(人工神经网络、模糊控制、模糊神经网络、遗传算法等)所替代。这些方法的共同特点是都需要不同数量和类型的描述系统和特性的既定(a priori)知识。由于这些方法具有很多优势,因此工业界强烈希望开发、生产使用这些方法的系统,但又希望该系统实现简单、性能优异。在未来,智能技术将在机器人传动等技术中占据相当重要的地位,特别是自适应模糊神经元控制器在性能传动产品中将得到广泛应用。但是,还有很多研究工作要做,现在还只有少数实际应用的例子,大多数研究只给出了理论或仿真结果。因此,常规控制器在将来仍要使用相当长一段时间。

人工智能控制器可分为监督、非监督或增强学习型三种。常规的监督学习型神经网络控制器的拓扑结构和学习算法已经定型,这就给这种结构的控制器增加了限制,使得计算时间过长,常规非人工智能学习算法的应用效果不好。采用自适应神经网络和试探法就能克服这些困难,加快学习过程的收敛速度。常规模糊控制器的规则初值和模糊规则表是 a priori 型,这就导致调整困难,当系统得不到 a priori 信息时,整个系统就不能正常工作。而应用自适应 AI 控制器,例如使用自适应模糊神经控制器,就能克服这些困难,并且用 DSP 比较容易实现这些控制器。

总而言之,当采用自适应模糊神经控制器,规则库和隶属函数在模糊化和反模糊化过程中能够自动地实时确定。有很多方法来实现这个过程,但主要的目标是使用系统技术实现稳定的解,并且找到最简单的拓扑结构配置,自学习迅速,收敛快速。

### 4.8.4 智能机器人的未来展望

人工智能与机器人研究的结合早就受到了科学家们的关注,制造出能够模仿人思维及行为的机器人是当下机器人研究的重要领域。有个词叫作"生物机器人",指的就是能够模拟生物思维及行为,具备一定智商、能够思考的机器人。伴随着机器人研究的深入,制造出能够模仿人类行为的机器人并不难,难就难在如何让机器人具备思维及智商。在大学生机器人比赛中,常常可以看见机器人搬运物块或是移开物块等。这些简单的行为机器人的制造并不难,但制造出能够与国际象棋世界冠军卡斯帕罗夫对赛的智能机器人就是难题[31]。人工智能在机器人中的应用主要是多元化信息采集、人工智能系统集成这两方面。多元化信息采集能够有效帮助机器人收集信息,通过IT系统整合后能够获取更多更广泛的知识,进而提升智能系统;人工智能系统集成主要是为了提升机器人的综合运用,只有一个系统是无法完善机器人的发展的,只有利用多个系统制约才能够让机器人应对各式各样的突发情况,从而具备"思维"及"智商"。

# 4.9 本章小结

人工智能的发展在各个实用案例上取得了巨大的成功,但是,具有共性的问题也逐步显现出来并且可以总结为 3 个层面。

首先,我们现在的深度学习很大程度上依赖于有监督的数据,对于采集得到的原始数据,需要通过标注转换为机器可识别的信息。目前耗时耗力的数据标注产业就是根据用户或企业不同的需求,对语音、图片、文本、视频等进行不同加工处理的过程。因此我们可以采用如下三种方式来改善这种情况,一是以丰富多源的弱监督信息来辅助学习;二是采用算法自驱动、成本效益较高的自主学习;三是无监督领域自适应学习。

其次,如果说人工智能技术是通过计算机模拟人脑的活动,那当我们能更好地用人工智能模拟人脑活动时,计算机就可以同时满足决策者主观有意识认知的多个目标及深层次目标。人类在有限的时间内,接收及处理信息的能力有限,人工智能技术如果能够模拟大脑调控整合并处理信息,挖掘出数据的深层价值,对多个目标进行综合决策,那人工智能就能超越人类完成复杂的任务。

最后,在数据开放方面,为了实现不同领域的数据融合,我们可以利用数据仓库收集存于不同数据源中的数据,将这些分散的数据集中到一个更大的库中,最终用户从数据仓库中进行查询和数据分析。这样有利于实现多个领域的交流融合以及发展,对通用智能的实现是有利的,不过这也需要更好的制度文明促使大家规范地共享数据。

# 参 考 文 献

[1] Mannos J L, Sakrison D J. The Effect of a Visual Fidelity Criterion on the Encoding of Images [J]. IEEE Information Theory, 1974, 20(4): 525-536.

[2] Kim J, Nguyen A D, Lee S. Deep CNN-based Blind Image Quality Predictor [J]. IEEE Transactions on Neural Networks and Learning Systems, 2019, 30(1): 11-24.

[3] Ma X, Mezghani L, Wilber K, et al. Understanding Image Quality and Trust in Peer-to-peer Marketplaces [C]// 2019 IEEE Winter Conference on Applications of Computer Vision (WACV). IEEE, 2019.

[4] Min X, Member S, Gu K, et al. Blind Quality Assessment Based on Pseudo-reference Image [J]. IEEE Transactions on Multimedia, 2017, 20(8): 2049-2062.

[5] Min X, Zhai G, Gu K, et al. Blind Image Quality Estimation via Distortion Aggravation [J]. IEEE Transactions on Broadcasting, 2018: 1-10.

[6] Xu J, Ye P, Li Q, et al. Blind Image Quality Assessment Based on High Order Statistics Aggregation [J]. IEEE Transactions on Image Processing, 2016: 4444-4457.

[7] Wang Z, Bovik A, Sheikh H, et al. Image Quality Assessment: from Error Visibility to Structural Similarity [J]. IEEE Transactions on Image Processing, 2004, 13(14): 600-612.

[8] Zhou W, Simoncelli E P, Bovik A C. Multi-scale Structural Similarity for Image Quality Assessment [C]// Signals, Systems and Computers, 2003. Conference Record of the Thirty-Seventh Asilomar Conference on, 2003: 1398-1402.

[9] Roelfsema P, Lamme V, Spekreijse H. Object-based Attention in the Primary Visual Cortex of the Macaque Monkey [J]. Nature, 1998, 395(6700): 376.

[10] Rothenstein A L, Tsotsos J K. Attention Links Sensing to Recognition [J]. Image & Vision Computing, 2008, 26(1): 114-126.

[11] Torralba A, Oliva A, Castelhano M S, et al. Contextual Guidance of Eye Movements and Attention in Real-world Scenes: the Role of Global Features in Object Search [J]. Psychological Review, 2006, 113(4): 766-786.

[12] Beck D, Kastner S. Top-down and Bottom-up Mechanisms in Biasing Competition in the Human Brain [J]. Vision Research, 2009, 49(10): 1154-1165.

[13] Itti L, Koch C. A Saliency-based Search Mechanism for Overt and Covert Shifts of Visual Attention [J]. Vision Research, 2000, 40(10-12): 1489-1506.

[14] Itti L. A Model of Saliency-based Visual Attention for Rapid Scene Analysis [J]. IEEE Transaction on Pattern Analysis and Machine Intelligence, 1998, 20(11): 1254-1259.

[15] Bruce N B, Tsotsos J K. Saliency Based on Information Maximization [C]// Advances in

Neural Information Processing Systems, 2005.

[16] Hou X, Zhang L. Saliency Detection: A Spectral Residual Approach[C]// IEEE Conference on Computer Vision & Pattern Recognition, 2007.

[17] Goferman S, Zelnik-Manor L, Tal A. Context-aware Saliency Detection[C]// IEEE Conference on Computer Vision & Pattern Recognition, 2010.

[18] Han J, Ngan K N, Li M, et al. Unsupervised Extraction of Visual Attention Objects in Color Images[J]. IEEE Transactions on Circuits & Systems for Video Technology, 2005, 16(1): 141-145.

[19] Han J, He S, Qian X, et al. An Object-Oriented Visual Saliency Detection Framework Based on Sparse Coding Representations[J]. IEEE Transactions on Circuits & Systems for Video Technology, 2013, 23(12): 2009-2021.

[20] Hao D, Ming D, Yang Z, et al. Object-based Visual Saliency via Laplacian Regularized Kernel Regression[J]. IEEE Transactions on Multimedia, 2017, 19(8): 1718-1729.

[21] Jia Y, Han M. Category-independent Object-level Saliency Detection[J]. IEEE International Conference on Computer Vision, 2013: 1761-1768.

[22] Borji A, Sihite D N, Itti L. What/Where to Look Next? Modeling Top-Down Visual Attention in Complex Interactive Environments [J]. IEEE Transactions on Systems, Man, and Cybernetics: Systems, 2014, 44(5): 523-538.

[23] Xu J, Yue S. Mimicking Visual Searching with IntegratedTop down Cues and Low-level Features[J]. Neurocomputing, 2014, 133(JUN. 10): 1-17.

[24] Borji A, Itti L. State-of-the-art in Visual Attention Modelling[J]. IEEE Transactions on Pattern Analysis and Machine Intelligence, 2013, 35(1): 185-207.

[25] Zhai Y, Shah M. Visual Attention Detection in Video Sequences Using Spatiotemporal Cues [C]// ACM International Conference of Multimedia, 2006: 815-824.

[26] Marat S, Hophuoc T, Granjon L, et al. Modelling Spatio-temporal Saliency to Predict Gaze Direction for Short Videos[J]. International Journal of Computer Vision, 2009, 82(3): 231.

[27] Wang W, Shen J. Deep Visual Attention Prediction[J]. 2017. IEEE Transactions on Image Processing, 2017, 27(5): 2368-2378.

[28] Mnih V, Hees N, Graves A, et al. Recurrent Models of Visual Attention[C]// Advances in Neural Information Processing Systems, 2014.

[29] 王双成. 面向智能数据处理的图形模式研究[D]. 长春: 吉林大学, 2004.

[30] Gerhard W. Multi-Agent System: A Modern Approach to Distributed Artificial Intelligence [M]. Boston: MITPreess, 1999.

[31] 涂序彦. 广义智能学[C]//第十一届中国人工智能学术年会, 2005: 22-33.

# 第5章 人工智能的未来发展

## 5.1 人工智能现存的主要问题

随着人工智能领域的大力发展,人工智能对人类生活生产的影响将不断增加。虽然我们在很多领域取得了历史性的成就,但人工智能离我们的目标仍然很远,尚存在许多问题。

首先,到目前为止我们仍然处于弱人工智能阶段,也就是普遍来看都还在处理特定问题的阶段。人工智能强调的是拥有像人一样的能力,虽然人工智能在单个方面超越了人类的能力水平,比如 Alpah Go 在围棋大赛中、IBM 计算机系统沃森在电视智力竞赛中都超越了人类顶尖水平,但是除此之外的能力,比如认知、知识获取等方面都还有很大的差距。智能的重点是系统与环境及目标之间的动态交互反馈关系[1],而现在的专用智能系统在各个方面的能力都还很分散,缺少一种将各个系统组合调用起来的控制中心,所以现在的弱人工智能仍无法通过学习胜任人类的所有工作。

人工智能目前存在的第二个问题是人工数据标注的效率低、成本高。数据采集标注是大部分人工智能算法能够有效运行的关键步骤,标注的质量和规模直接影响 AI 模型应用效果。对于采集得到的原始数据,需要根据用户或企业不同的需求,对语音、图片、文本、视频等进行不同的标记处理,使机器知道需要识别物体的具体概念。目前的问题是不同行业的标注要求具有差异化,比如在医学成像、自动驾驶、工业质检等领域中,需要利用专业领域的数据定制 AI 模型应用,然而目前不够细化的人工数据标注达不到新技术的要求。其次,现有数据标注平台普遍采用众包模式来分配标注任务[2],造成标注结果的质量参差不齐、合格率低、标注不完备[3]等问题,这些问题都会影响后续分析结果的准确性。所以目前人工数据标注不仅无法保证用户数据安全性,在效率和质量方面也存在很多亟须解决的问题。

人工智能第三方面的问题在于其通过计算机模拟人类的智能活动，主要是对人类大脑的一种仿生和类比[4]，而脑科学的理论体系还没有完整构建起来，因此由这种残缺式"仿生"带来的智能，就会存在很多局限性。所以人工智能技术最新研发领域之一是各国政府倡导的"脑计划"，对于大脑如何处理外部视觉听觉信息等方面还将进一步深入研究，从而对人脑的工作活动进行更好的模拟，以替代人类的更多工作。并且人工智能要达到我们通用智能的目标，不仅需要对大脑如何调控、学习有更彻底的认识，还需要与各个学科交叉融合，比如信息科学、心理学、认知科学和生物科学等，所以对多个学科的深度研究以及融会贯通也是我们面临的挑战。

第四个问题是目前数据资源孤岛状态还较为明显，掌握在各组织机构的数据资源还需要进一步地开放才能让人工智推动万物互联到智联万物[5]的进程。数据开放的主要目的是从其他领域的数据中，筛选出本领域相关的所需数据，实现数据融合，从而将多个领域智能地关联起来。然而实现数据融合的基础是针对相同实体在不同领域进行描述的元数据库，人工智能算法可以通过这个元数据库的调用[6]，实现对其他领域的数据标注及理解应用。然而，目前我们数据资源的开放共享十分有限，元数据库对算法的普适性不高。

最后，人工智能还存在训练 AI 模型产生的能耗问题。随着人工智能的不断发展，由此产生的二氧化碳也成倍增加。2012 年以来，人工智能的每个进步无疑都需要进行密集型的模型计算，比如 2017 年的 AlphaZero 的模型的计算数量是 2012 年 Alexnet 的 30 万倍。目前，超大型数据中心消耗全球 2％的电量。全球最大的芯片设备制造商应用材料公司 Applied Materials 的首席执行官加里·迪克森（Gary Dickerson）预测称，由于材料、芯片制造和设计方面缺乏重大创新，到 2025 年，数据中心将消耗全球 15％的电量。如此之大的能耗占比也是我们需要引起重视的问题。

# 5.2　关于主要问题的思考和反馈

现在全世界有很多科技巨头将目光放在了通用智能上，也就是要求达到全面性的智能化。通用人工智能虽然不要求它有自我意识，但是可以达到人的思维水平，可以像人一样处理各方面的任务。要达到通用智能，就需要让计算机模仿人类拥有的自学能力，那势必需要对人的大脑的学习机理有更加深入的认识和模仿。所以，目前数据需要大量人工标注的问题是达到通用智能首先需要解决的，然后再进一步让其拥有人类的自学能力以及认知能力，最后还要对大脑如何控制调配各项能力进行深入研究和模拟,从而实现通用智能。

### 1. 人工智能依赖人工数据标注

深度学习可视为一种自动的特征学习方法[7],其所有特征提取的过程,都是一个没有人工干预的训练过程。这个自主特性,在机器学习领域是革命性的。然而目前的问题是,深度学习很大程度上仍依赖于有监督的数据,这意味着需要借助大量的人工标注,从而导致效率低且成本高。

2006 年,加拿大多伦多大学的资深机器学习教授 Hinton 在 *Science* 上发表了一篇关于深度学习的开山之作[8]。在这篇文章中,Hinton 给出了两个重要结论。

(1) 具有多个隐层的人工神经网络具备更佳的特征学习能力,多层网络之间,每一层都是以前一层提取的特征作为输入,这种层次化的特征提取过程可以叠加,从而让深度神经网络具备强大的特征提取能力;可通过逐层初始化方式来克服训练上的困难,而逐层初始化是通过无监督的自主学习完成的。

(2) 虽然深度学习在特征提取方面是自主完成的,但是如何让计算机认识到提取的特征的实际意义,就需要人工进行标注了,这个工程量是巨大的。

因此在数据不足的情况下,如何使用弱监督乃至无监督的方式进行学习,这是引发很多人思考的地方。有人提出了三种新的深度学习范式,即以丰富多源的弱监督信息来辅助学习;算法自驱动、成本效益较高的自主学习;无监督领域自适应学习。

首先,很多时候我们可以采用弱监督学习的方式来解决需要大量标注信息的问题。我们获取的数据时常具备多种类型的标签,然而往往存在标签噪声。那么,我们考虑通过学习多个源的弱监督信息,来对标签进行更正。也就是将大量的数据连同带有小量噪声的标签,一起送入深度卷积神经网络,检测其中的标签噪声并进行更正[9]。具体采用卷积神经网络和递归神经网络相组合的方式。比如图像语义分割领域,CNN 特征提取用于 RNN 语句生成图片标注;RNN 特征提取用于 CNN 内容分类。学习过程中将图像输入 CNN,得到图像的实体类特征表达,利用语义解析生成树方法,将句子分解成语义树,然后一同输入到 RNN 网络中,利用图像的语义标注与关联结构树进行训练,从而得到预期的结果[10]。

接着介绍一下自驱动、成本效益较高的学习方式。这类方法受到人类学习模式的一些启发,在学习的初期,利用已有的标注数据进行初始化学习,然后在大量未标注的数据中不断按照人机协同方式进行样本挖掘,以增量地学习模型和适配未标注数据。无标注的数据进行样本挖掘采用的是主动样本挖掘(ASM)框架,用最新的检测器进行数据检测,并将检测结果按照信度排序。对于信度高的检测结果,我们直接将其作为其未标注信息;而对于少量信度低的检测结果,我们采用主动学习的方式来进行标注。最后,利用这些数据来优化检测器性能。在自我驱动、低成本高效益的学习方式中,课程学习[11]和自步学习[12]是一种有效的思路。这些方法首先从任务中的简单方面学习,来获取简单可靠的知识;然后逐渐地增加难度,来过渡到学习更复杂、更专业的知识,以完成对复杂事物的认知。

最后一种无监督领域自适应学习方法可以适配不同领域数据间的分布,解决目标任务缺乏数据标注的难题,其包括单数据源领域自适应以及多数据源领域自适应。单数据源领域自适应在应用场景中,存在某一领域的可用数据过少的问题。因此,衍生出了一系列迁移学习[13]的方式,以做到跨领域的自适应。也就是通过将学习到的知识从源域迁移到目标域,来提高算法在目标域数据上的性能。多数据源领域自适应更加复杂,要从多数据源向目标域迁移学习的情况。研究人员提出了一种名为"鸡尾酒"的网络,以解决将知识从多种源域的数据向目标域的数据中迁移的问题[14]。鸡尾酒网络用于学习基于多源域下的域不变特征。在具体数据流中,利用共享特征网络对所有源域以及目标域进行特征建模,然后利用多路对抗域适应技术下的扩展,对抗域适应的共享特征网络对应于生成对抗学习,每个源域分别与目标域进行两两组合对抗学习域不变特征。同时每个源域也分别进行监督学习,训练基于不同源类别下的多个softmax分类器。对于每一个来自目标域的数据,我们首先利用不同源下的softmax分类器给出其多个分类结果。然后,基于每一个类别,我们找到包含该类别的所有源域softmax分类概率,再基于这些源域与目标域的混淆度,对分类概率取加权平均得到每个类别的分数。简而言之就是,越跟目标域相识的源域混淆度会更高,意味着其分类结果更可信从而具有更高的加权权值[15-18]。

数据标注可视为模仿人类学习过程中的经验学习,相当于人类从书本中获取已有知识的认知行为[3]。虽然目前我们还需要先人为地帮机器标注定义,让计算机不断地识别这些图片的特征,最终实现计算机自主识别[19]。但是通过如上三种方式改善后的弱监督学习,可以更少依赖人工标注的数据,更能够接近像人类一样的经验学习。现在"谷歌大脑"号称具备一定的自学习能力,该项目的计算机科学家杰夫·迪恩说"在训练的时候,我们从来不会告诉机器说'这是一只猫'。实际上,是系统自己发明或者领悟了'猫'的概念。"

**2. 脑学科研究的不完善**

深度学习是脑科学的一种仿生和类比,还存在的一个问题是脑科学的理论体系本身还远远没有完整构建起来,深度学习的关键就在于建立并模拟人脑进行分析学习的神经网络,所以深度学习目前来看还是残缺的。并且我们最终要达到的通用智能,就是需要一个模拟人类大脑的控制中心,从而让机器实现全方位的智能活动。因此,对脑科学研究成果的多样性解读还必须深入[4]。

现在科学家从各个方面获得了对人脑运行机理进行分析的数据,例如观测神经电活动方法、观测释放的化学物质变化等,并针对性地开发了用于观测这些数据的工具。基于对大脑在特定输入信号刺激情况下的反应及神经传导的观察,人们将逐步揭示大脑的工作原理[20]。用计算机进一步实现模拟大脑工作后,我们应该就可以实现更具有人类思维的机器,可以像人类一样做出一些综合决策。具体一点,比如我们以后的自动驾驶技术就需要通过人工智能根据实际动态情况做出综合的高级决策。以Google 的自动驾驶实现为例,其整合了 Google 街景数据来实现自动驾驶,Google 汽车使用视频摄像头、雷达传感器以及激光测距器来了解周围的交通状况,并通过一个详尽的地图(来源于 Google 街景数据),对前方的道路进行导航。这个系统的特点是整合了传统意义上无关的数据(街景数据),通过对数据的认知(街景数据辅助定位),实现了新的目标(自动驾驶)[21]。

至于后续大脑如何调配控制我们的各项能力,我们仍然需要脑学科的更多研究,才能对大脑进行更多的模拟。并且还需要与信息科学、心理学、认知科学和生物科学等相交融,从而实现通用智能。

### 3. 各领域数据的封闭

对于数据开放,主要是为了融合多个领域的数据,通过一个规范的共享合作平台,人工智能算法可以由此调用所需领域的数据标注及理解应用。2007 年,斯坦福大学教授李飞飞等人开始启动 ImageNet 项目,该项目主要借助亚马逊的劳务众包平台Mechanical Turk(AMT)来完成图片的分类和标注,以便为机器学习算法提供更好的数据集[22]。截至 2010 年,ImageNet 已有来自 167 个国家的 4 万多名工作者提供的14 197 122 张标记过的图片,共分成 21 841 种类别。这样可以让资源效益最大化,但是也需要建立完整的制度体系确保资源的规范化使用。

而为了实现不同领域的数据融合,可以利用数据仓库收集存于不同数据源中的数据,将这些分散的数据集中到一个更大的库中,最终用户从数据仓库中进行查询和数据分析。在数据仓库中,元数据具有重要的地位,元数据就是关于数据的数据,我们用元数据统一管理数据仓库中的数据以及数据挖掘工具,并控制整个数据挖掘流程。为了保证对复杂元数据的有效管理和元数据的一致性,我们设计了一种元数据对象模型,系统通过这种对象模型访问元数据,而不需要直接接触元数据库。在经过良好封装的元数据类中包含各种属性和方法,属性表达了相应的元数据值,而方法定义了对相关元数据的各种操作。元数据的存取、更新和管理通过访问这些属性和方法来实现,保证了整个系统的一致性和可维护性[6]。

#### 4. 能源损耗多大

对于人工智能的数据计算量消耗过多能量的问题,我们可以通过提高硬件效率来改善这个问题。许多的初创企业以及英特尔、AMD 等公司,都在开发利用光子学等技术的、节能性大幅提升的半导体,来驱动神经网络和其他的人工智能工具。所以杂志 *Applied Materials* 的预测假定是依据现有的条件,随着硬件效率的逐步提高以及清洁能源的开发,相信数据中心的能耗会在我们的可接受范围之内。

历史上各类技术的发展从未像人工智能技术这样具备普遍适用的特征。总的来说,人工智能的终极目标是使机器能够自主学习,从而代替需要人类智能才能完成的复杂活动。目前我们发展到了专用人工智阶段,也就是将人类认知传递给机器,机器通过学习,在某一方面具有自动化专业能力。然而为了让机器达到全面性的智能化,可以像人一样处理各方面的任务,我们将目光放到了通用人工智能的研究上。虽然不少人对此提出了质疑,认为这样具有人类思维的全面性人工智能很可能会推翻人类世界。但通过美国哲学家约翰·希尔勒提出的"中文房间实验",我们可以认识到,即使通用人工智能能够满足人类的各种需求,但与其拥有自我意识不存在递进关系。因此,通用人工智能可以像人类一样拥有自我学习和经验判断的能力,这也只是无限接近人类,帮助人类更好地解决更多问题,无法完全替代或者控制人类。

# 5.3 科学研究方向与产业发展前景

## 5.3.1 科学研究方向

本节从科学研究方向的角度分析人工智能在不同领域的未来,从 8 个方向简述可能的发展前景。

首先,我们很看好的就有自动驾驶技术,马斯克曾预言下一代特斯拉汽车将可能做到百分百自动驾驶,按照我们现在的技术水平,自动驾驶技术在不远的未来就能实现。

第二个方面就是农业、工业的智能化,很多发达国家的农场只需要少数的人在办公室操作重型机器,未来食品很可能形成少部分人的垄断行业。而工业方面的自动化已经有很大提高,在智能化方面比如工业质检等方面也很让人看好。

第三个方面,人工智能将成为很多国家的战略选择,在过去战场是由军队人数决定,而未来将会成为人工智能的技术游戏,比如智能化无人机,让无人机有一定的"思考"能力,最终达到一定的独立作战能力。否则只要指令信号传输上有些偏差,或稍受干扰,失败将难以避免[23]。这样的智能化无人机可以更加准确地击中目标且不会危及飞行员性命[24]。我们还可以研发出适合海陆空地理条件的智能士兵机器人,此前就有波士顿研发的机器狗曾被设想用来在极端地理位置运送战备物资,但是由于研发机器狗太过繁杂而失败,但是各国一定会加紧研发各种具有战斗能力且能够应对极端环境的智能机器人[25]。

第四个方面,金融领域。比如会计的计算数据等烦琐的操作都会被人工智能的算法取代。2015 年,彭博社进行的一项研究发现,全球每天交易的股票中只有百分之十是由真人和投资者进行交易的,绝大多数人都会利用人工智能取得高于竞争对手的优势。

第五,在医学方面,制约医学影像系统发展的主要原因是高级视觉系统本身的缺陷,即从医学扫描器上获得的图像数据可能是模糊的,从而增加了专家系统的复杂性[26]。人工智能可以通过计算机视觉技术对医疗影像精确定位并进行智能诊断,并且可以通过对海量数据的采集分析加快药物研发进程以及提高健康管理服务水平。

第六方面,娱乐领域。许多国际大片的人类演员十分昂贵,一场投资几亿美元的电影如果将角色通过人工智能变为虚拟人物,那不仅可以更加灵活地操纵角色,还不会受到明星的负面影响。

第七个方面,人机结合。相信在不久的未来,不论人类具有身体疾病抑或是精神性疾病,都可以采用人工智能解决。

第八个方面,智能居家。未来人们的生活场所可能会普遍走向全智能化,不仅生活中的所有事物都是智能互联的,而且大小事宜都会有智能生活管家服务,你的居家场所可以和工作、医护场所等有更高的相通性,从而在家可以做我们目前需要出门做的多数事情。

## 5.3.2 产业发展前景

本节从产业发展情景的角度分析人工智能未来的宏观发展趋势,其中囊括了科学研究层面,有产业应用层面,也有国家战略和政策法规层面。在科学研究层面特别值得关注的趋势是从专用到通用,从人工智能到人机融合、混合,学科交叉借鉴脑科学等。

### 1. 从专用智能到通用智能

如何实现从专用智能到通用智能的跨越式发展,既是下一代人工智能发展的必然趋势,也是研究与应用领域的挑战问题。通用智能被认为是人工智能皇冠上面的明珠,是全世界科技巨头竞争的焦点。美国军方也开始规划通用智能的研究,他们认为通用人工智能和自主武器,显著优于现在人工智能技术体系发展方向,现有人工智能仅仅是走向通用人工智能的一小步。

**2. 从机器智能到人机混合智能**

人类智能和人工智能各有所长,可以互补。所以人工智能一个非常重要的发展趋势,是 From AI to AI,两个 AI 含义不一样。人类智能和人工智能不是零和博弈,"人+机器"的组合将是人工智能演进的主流方向,人机共存将是人类社会的新常态。

**3. 从"人工+智能"到自主智能系统**

人工采集和标注大样本训练数据,是这些年来深度学习取得成功的一个重要基础。比如要让人工智能明白一副图像中哪一块是人、哪一块是草地、哪一块是天空,都要人工标注好,非常费时费力。此外还有人工设计深度神经网络模型、人工设定应用场景、用户需要人工适配智能系统等。所以有人说,目前的人工智能有多少智能,取决于付出多少人工,这话不太精确,但确实指出了问题。下一步发展趋势是怎样以极少人工来获得最大程度的智能。人类看书可学习到知识,机器还做不到,所以一些机构例如谷歌,开始试图创建自动机器学习算法,来降低 AI 的人工成本。

**4. 学科交叉将成为人工智能创新源泉**

深度学习知识借鉴了大脑的信息分层与层次化处理原理。所以,人工智能与脑科学交叉融合非常重要。*Nature* 和 *Scince* 都有这方面成果报道。例如,*Nature* 发表了一个研究团队开发的一种自主学习的人工突触,它能提高人工神经网络的学习速度。但大脑到底怎么处理外部视觉信息或者听觉信息的,很大程度还是一个黑箱,这就是脑科学面临的挑战。这两个学科的交叉有巨大创新空间。

**5. 人工智能产业将蓬勃发展**

国际知名咨询公司预测,2016 年到 2025 年人工智能的产业规模将几乎直线上升。国务院《新一代人工智能发展规划》提出,2030 年人工智能核心产业规模将超过 1 万亿,带动相关产业规模超过 10 万亿。这个产业是蓬勃发展的,前景显然是巨大的。

**6. 人工智能的法律法规将更加健全**

大家很关注人工智能可能带来的社会问题和相关伦理问题,联合国还专门成立了人工智能和机器人中心这样的监察机构。

**7. 人工智能将成为更多国家的战略选择**

一些国家已经把人工智能上升为国家战略,包括智利、加拿大、韩国等等,一定会

135

第 5 章

人工智能的未来发展

有越来越多的国家做出同样选择。

**8. 人工智能教育将会全面普及**

教育部专门发布了高校人工智能的行动计划。国务院《新一代人工智能发展规划》也指出,要支持开展形式多样的人工智能科普活动。美国科技委员会在《为人工智能的未来做好准备》中提出全民计算机科学与人工智能教育。

# 5.4　未 来 展 望

人工智能是引领未来的战略性技术。因此,世界主要发达国家都争先恐后地把发展人工智能作为重大战略,用以提升国家竞争力、维护国家安全、重塑发展新优势。人工智能已成为经济发展的新引擎、社会发展的加速器,人工智能技术正在渗透并重构生产、分配、交换、消费等经济活动的各个环节,形成从宏观到微观各领域的智能化新需求、新产品、新技术、新业态,改变人类生活方式甚至社会结构,实现社会生产力的整体跃升。

对我国而言,发展新一代人工智能有利于两股巨大机遇浪潮的交汇,即"工业化、城镇化、绿色化"＋"智能化",从而创造出大量以智力竞争为特点的产业新天地,发展出智能城市、智能制造、智能经济、智能交通、智能科技等等,促进我国经济转型升级,促进"两个百年"目标的实现,也为全世界发展中国家的经济跃升提供新的发展模式。

众所周知,60年前提出的人工智能信息化的基础是计算机。早在1956年,科学家们就首次确立了AI的概念,让机器能像人那样认知、思考和学习。如今,人工智能已显露出走向2.0的大量新特征。以大数据智能、跨媒体智能、人机混合增强智能、自主智能系统等为代表的人工智能2.0关键理论与技术,将全面推动智能城市、智慧医疗、智能制造等产业的发展,未来的世界将发生翻天覆地的变化。

在研究人工智能过程中,发现原有人工智能的目标——"让计算机变得和人一样聪明"已经取得了一些成绩。一些走在前沿的人工智能专家认为应该把人的智能和计算机的智能结合起来,就是把人工的智能和自然的智能结合在一起,最后形成一个更强的智能系统。

过去是人机交互的界面,现在已经实现了人和机器融合一体化的工作方式,包括系统,比如说脑机系统。所以,如果把这两种智慧融合在一起,会创造出更强大的智慧,对此,有专家认为人工智能将在以下五大领域重点突破。

第一个领域主要关注大数据智能,这是建立在大数据基础上的智能,深度神经网络是其中重要的内容之一,还包括其他内容,比如语义网络、知识图谱自动化,还有自我博弈系统。把人工智能1.0和2.0技术混合在一起,会产生新的大数据智能化的各种各样的技术。

第二个领域是跨媒体智能。过去的多媒体技术包括图像处理、声音处理等多种技术,但这些技术都是分开进行的,而人在处理这些情况的时候,是同步进行的,人工智能2.0将会瞄准这个方向进行。

第三个领域叫群体智能。就是用人工智能方法组织很多人和计算机联合去完成一件事情。实际上人工智能1.0已经有这个技术的苗头,叫多智能体系统,但是这个系统所连接的智能体太少,这个方面还需突破。

第四,人和机器混合在一起,形成一种增强智能。这种智能不但比机器更聪明,而且比人更聪明,能够解决更多问题[27]。

第五个领域是智能自主系统。人工智能1.0热衷于制造机器人,当时有很多成功和不成功的机器人,最成功的机器人是机械手,在生产线上被大规模使用;人工智能2.0应该从原有的机器人圈子里跳出来,从一个新的视角来看待新的自动化和智能化相结合的行为。生命之光将会时刻跟随时代发展的趋势,不断创新,结合最先进的人工智能技术,为儿童创造更美好的生活环境。

任何有助于让机器(尤其是计算机)模拟、延伸和扩展人类智能的理论、方法和技术,都可视为人工智能的范畴。从约翰·麦卡锡等科学家于1956年的美国达特矛斯会议正式提出人工智能这一概念至今,已过去了61年。经过超过一甲子的曲折发展历程,人工智能已成为一个涉及计算机科学、控制科学、生命科学(脑科学)、数学、哲学、认知科学等多学科的交叉技术领域,展现出无比光明的发展前景。未来人工智能将有可能进入到我们生活的方方面面,协助人类完成此前被认为必须由人完成的智能任务。随着各种智能终端的普及和互联互通,在不远的未来,人们将不仅生活在真实的物理空间,同时还将生活在一个数字化、虚拟化的网络空间。在这个网络空间中,人和机器之间的界限将被空前淡化,换言之,网络空间中的每个个体既有可能是人,也有可能是人工智能。另外,在真实的物理世界中,人工智能又不必具有类人的形态,这使得人工智能将有可能从更多的角度进入到我们生活的方方面面,协助人类完成此前被认为必须由人完成的智能任务。

在生产方面,随着我国城镇化建设的不断推进,未来人工智能有望在传统农业转型中发挥重要作用。例如,通过遥感卫星、无人机等监测我国耕地的宏观和微观情况,由人工智能自动决定(或向管理员推荐)最合适的种植方案,并综合调度各类农用机械、设备完成方案的执行,从而最大限度解放农业生产力。在制造业中,人工智能将可

人工智能的未来发展

以协助设计人员完成产品的设计,在理想情况下,可以很大程度上弥补中高端设计人员短缺的现状,从而大大提高制造业的产品设计能力。同时,通过挖掘、学习大量的生产和供应链数据,人工智能还有望推动资源的优化配置,提升企业效率。在理想情况下,企业人工智能将从产品设计、原材料购买方案、原材料分配、生产制造、用户反馈数据采集与分析等方面为企业提供全流程支持,推动我国制造业转型和升级。

在生活服务方面,人工智能同样有望在教育、医疗、金融、出行、物流等领域发挥巨大作用。例如,客服机器人可协助医务人员完成患者病情的初步筛查与分诊;医疗数据智能分析或智能的医疗影像处理技术可帮助医生制定治疗方案,并通过可穿戴式设备等传感器实时了解患者的各项身体指征,观察治疗效果。在教育方面,一个教育类人工智能系统可以承担知识性教育的任务,从而使教师能将精力更多地集中于对学生系统思维能力、创新实践能力的培养中。对金融而言,人工智能将能协助银行建立更全面的征信和审核制度,从全局角度监测金融系统状态,抑制各类金融欺诈行为,同时为贷款等金融业务提供科学依据,为维护机构与个人的金融安全提供保障。在出行方面,无人驾驶(或自动驾驶)已经取得了可观进展。在物流方面,物流机器人已可以很大程度替代手工分拣,而仓储选址和管理、配送路线规划、用户需求分析等也将(或已经)走向智能化。

平台、算法以及接口等核心技术的突破,将进一步推动人工智能实现跨越式发展。从核心技术的角度来看,这三个层次的突破将有望进一步推动人工智能的发展,分别为平台(承载人工智能的物理设备、系统)、算法(人工智能的行为模式)以及接口(人工智能与外界的交互方式)。在平台层面,当前大多数人工智能依赖以电子计算机为代表的计算设备加以实现。传统计算机的核心中央处理器(CPU)主要面向通用计算任务设计,虽然也可兼容人工智能所面对的所有智能任务,但效能相对较低。随着各行各业对人工智能的需求激增,研发更适合人工智能的高效能平台正成为一个日益凸显的需求,英特尔、谷歌、英伟达、寒武纪等国内外知名企业以设计新型的智能处理器为切入点,近年来取得了一系列进展。未来的人工智能将必然需要面对种类繁多且特点各异的智能任务,在各类处理器的基础上设计新的计算架构,并实现一个能服务于不同企业、不同需求的智能平台,这将是未来技术发展的一大趋势。此外,当前进展迅猛的量子计算技术尤其是量子计算机的实现,也有望在将来为人工智能提供突破性的计算平台。算法决定了人工智能的行为模式,一个人工智能系统即使有当前最先进的计算平台作为支撑,若没有配备有效的算法,只会像一个四肢发达而头脑简单的人,并不能算真正具有智能。面向典型智能任务的算法设计,从人工智能这一概念诞生时起就是该领域的核心内容之一。可以想象,智能算法在人工智能的未来发展中仍将处于中心的位置。但与过去不同的是,今天的人工智能不再仅仅是隐藏在象牙塔或各种科研机构的学术研究,而是已经以各种形式出现在我们的日常生产、生活之中,和我们真实生活的社会、物理世界产生了越来越多的联系。而无论对于作为一个整体的人类社会、国家而言,抑或是对于作为个人而言,我们的文化、语言、生活、行为习惯都是在不断演变的。能否改变过去完全由手工输入计算机程序的算法实现方式,令算法通过自身的演化,自动适应这个"唯一不变的就是变化"的物理世界? 这也许是"人工"智能迈向"类人"智能的关键。

沟通是人类的一种基本行为,也是人与人之间协作的基础。在虚拟的数字化空间中,人工智能与人类的分界正变得模糊。换言之,在这样的一个空间里,一个中文聊天机器人也许比一位外国友人更让我们觉得容易沟通。因此,在一个人工智能协助人类完成大量智能任务的未来社会中,如何实现人机的高效沟通与协同将具有重要意义。语音识别、自然语言理解是实现人机交互的关键技术之一。以科大讯飞为代表的企业和科研机构已在语音识别方面实现了可商用的产品,自然语言理解则有望在一些典型应用领域,如智能客服中率先取得突破,但走向全面的人机相互理解仍是当前的一个技术难点。另外,不采用自然语言,而是直接通过脑电波与机器实现沟通,即脑机接口技术,也已有相当可观的进展,目前已经大体可以实现用脑电波直接控制外部设备(如计算机、机械手等)进行简单的任务。

人工智能无论是在核心技术,还是典型应用上都已出现爆发式的进展。随着平台、算法、交互方式的不断更新和突破,人工智能技术的发展将主要以"AI+X"(为某一具体产业或行业)的形态得以呈现。在不远的未来,智能客服(导购、导医)、智能医疗诊断、智能教师、智慧物流、智能金融系统等都有望广泛地出现在我们的生活中。需要指出的是,所有这些智能系统的出现,并不意味着对应行业或职业的消亡,而仅仅意味着职业模式的部分改变(如减少教师教授书本知识的时间),即由以往的只由人类完成,变为人机协同完成。因此,人工智能的进一步发展值得大家期待。

# 参 考 文 献

[1] 王志宏,杨震.人工智能技术研究及未来智能化信息服务体系的思考.电信科学[J],2017,33(5):1-11.

[2] Marcheggiani D,Sebastiani F. On the Effects of Low-quality Training Data on Information Extraction from Clinical Reports[J]. Journal of Data and Information Quality,2017,9(1):1-25.

人工智能的未来发展

[3] 蔡莉,王淑婷,刘俊晖,等.数据标注研究综述[J].软件学报,2020,31(2):302-320.

[4] 杨足仪.当代脑科学成果的多样性解读[J].科学技术哲学研究,2016(6):12-16.

[5] 曹祎遘,廖繁.AI+IoT:从万物互联到万物智联[J].上海信息化,2019,000(002):16-19.

[6] 曹虎.基于元数据库的信息资源整合[J].信息技术,2003(07):98-99.

[7] Lecun Y,Bengio Y,Hinton G. Deep learning [J]. Nature,2015,521(7553):436.

[8] Hinton G,Salakhutdinov R. Reducing the Dimensionality of Data with Neural Networks [J]. Science,2006,313(5786):504-507.

[9] Tong X,Tian X,Yi Y,et al. Learning from Massive Noisy Labeled Data for Image Classification [C]// IEEE Conference on Computer Vision and Pattern Recognition (CVPR). IEEE,2015.

[10] Wang G,Luo P,Lin L,et al. Learning Object Interactions and Descriptions for Semantic Image Segmentation[C]//IEEE Conference on Computer Vision and Pattern Recognition (CVPR). IEEE,2017.

[11] Bengio Y,Louradour J,Collobert R,J. Weston J. Curriculum Learning [C]//International Conference on Machine Learning,2009.

[12] Jiang L,Meng D,Yu S,et al. Self-Paced Learning with Diversity[C]// Conference and Workshop on Neural Information Processing Systems,2014.

[13] Jialin P S,Yang Q. A Survey on Transfer Learning[J]. IEEE Transactions on knowledge and data engineering,2010,22(10):1345-1359.

[14] Xu R,Chen Z,Zuo W,et al. Deep Cocktail Network:Multi-source Unsupervised Domain Adaptation with Category Shift[C]// IEEE Conference on Computer Vision and Pattern Recognition (CVPR). IEEE,2018.

[15] Lin L,Wang G,Zuo W,et al. Cross-Domain Visual Matching via Generalized Similarity Measure and Feature Learning[J]. IEEE Transactions on Pattern Analysis and Machine Intelligence,2017,39(6):1089-1102.

[16] Liang L,Huang L,Chen T,et al. Knowledge-Guided Recurrent Neural Network Learning for Task-Oriented Action Prediction [C]// International Conference on Multimedia and Expo,2017.

[17] Lin L,Wang K,Meng D,et al. Active Self-Paced Learning for Cost-Effective and Progressive Face Identification[J]. IEEE Transactions on Pattern Analysis and Machine Intelligence,2017, PP(99):7-19.

[18] Liang X,Wei Y,Chen Y,et al. Learning to Segment Human by Watching YouTube[J]. IEEE Transactions on Pattern Analysis & Machine Intelligence,2016:1-1.

[19] Alonso O. Challenges with Label Quality for Supervised Learning[J]. Journal of Data and Information Quality,2015,6(1):1-3.

[20] 王晓峰,杨亚东.基于生态演化的通用智能系统结构模型研究[J].自动化学报,2020,46(5):1017-1030.

[21] 杨震.自动驾驶技术进展与运营商未来信息服务架构演进[J].电信科学,2016,32(8):16-20.

[22] Deng J,Dong W,Socher R,et al. ImageNet:A Large-Scale Hierarchical Image Database[C]// IEEE Conference on Computer Vision and Pattern Recognition (CVPR). IEEE,2009.

[23] 何玲.基于 TensorFlow 框架的目标检测与细分系统研发[D].南京:东南大学,2018.

[24] 冯琦,周德云.军用无人机发展趋势[J].电光与控制,2003(01):10-14.

［25］ Brendel W，Rauber J，Bethge M，et al. Decision-based Adversarial Attacks：Reliable Attacks against Black-box Machine Learning Models［C］//International Conference on Learning Representations，2018.

［26］ 陈真诚，蒋勇，胥明玉.人工智能技术及其在医学诊断中的应用及发展［J］.生物医学工程学杂志，2002(3)：505-509.

［27］ 郑南宁.“混合增强智能”是人工智能的发展趋向［N］.人民日报，2017-11-13.

人工智能的未来发展

# 图 书 资 源 支 持

感谢您一直以来对清华版图书的支持和爱护。为了配合本书的使用，本书提供配套的资源，有需求的读者请扫描下方的"书圈"微信公众号二维码，在图书专区下载，也可以拨打电话或发送电子邮件咨询。

如果您在使用本书的过程中遇到了什么问题，或者有相关图书出版计划，也请您发邮件告诉我们，以便我们更好地为您服务。

**我们的联系方式：**

地　　址：北京市海淀区双清路学研大厦 A 座 714

邮　　编：100084

电　　话：010-83470236　　010-83470237

客服邮箱：2301891038@qq.com

QQ：2301891038（请写明您的单位和姓名）

资源下载：关注公众号"书圈"下载配套资源。

资源下载、样书申请

书圈

获取最新书目

观看课程直播